数控实训教程

主　编　方立志　王青云　邹本学
副主编　张英波
主　审　李新生　陈　伟
编　写　谢　犇　孙金华　刘逢春

江苏大学出版社
JIANGSU UNIVERSITY PRESS

图书在版编目(CIP)数据

数控实训教程/方立志,王青云,邹本学主编. —
镇江:江苏大学出版,2011.11
　　ISBN 978-7-81130-275-2

　　Ⅰ.①数… Ⅱ.①方… ②王… ③邹… Ⅲ.①数控机
床-高等学校-教材 Ⅳ.①TG659

　　中国版本图书馆 CIP 数据核字(2011)第 226052 号

数控实训教程

主　　编/方立志　王青云　邹本学
副 主 编/张英波
责任编辑/张静文
出版发行/江苏大学出版社
地　　址/江苏省镇江市梦溪园巷 30 号(邮编:212003)
电　　话/0511-84443089
排　　版/镇江文苑制版印刷有限责任公司
印　　刷/丹阳市教育印刷厂
经　　销/江苏省新华书店
开　　本/718 mm×1 000 mm　1/16
印　　张/12.5
字　　数/23 千字
版　　次/2011 年 11 月第 1 版　2011 年 11 月第 1 次印刷
书　　号/ISBN 978-7-81130-275-2
定　　价/25.00 元

如有印装质量问题请与本社发行部联系(电话:0511-84440882)

前　言

　　为适应职业技术学校课程体系改革的需要,突出实习、实训等实践教学环节在课程教学过程的重要作用,强化对学生能力的培养,使学生适应未来工作岗位对从业人员的能力要求,特编写本实训指导教程。

　　本书以广州数控系统为例,讲述数控车床和数控铣床的操作。编写本书的目的在于提高学生的操作技能,同时掌握数控仿真软件的运用技巧,使学生能够适应当前职业学校数控技能等级考试的需要。本教程适于数控实践教学环节,教师可根据不同专业不同学制的学生实践内容和要求适当选择。

　　本书采用学校与企业合作编写的方式,由黄石职业技术学院方立志、张英波、王青云、李新生、谢犇、孙金华、刘逢春以及黄石锻压设备有限公司的邹本学、陈伟共同完成。在编写过程中,参阅了大量的文献,引用了同类书刊中的一些资料,并与黄石锻压设备有限公司数控技术人员多次研讨最终定稿,在此对他们表示谢意!

　　因本书所涉范围广泛,错误和不足之处在所难免,恳请读者和同行批评指正。

编　者

2011.8

目　　录

模块一　GSK980TD 数控车床基本操作

课题一　数控车床基本知识 / 1

课题二　数控车床面板功能 / 4

课题三　数控车床程序输入 / 14

课题四　数控车床程序编制基础 / 17

模块二　轴类零件加工

课题一　数控车床基本编程指令 / 22

课题二　数控车床简单阶梯轴加工 / 29

课题三　数控车床槽加工和螺纹加工 / 32

模块三　数控车床成型面类零件加工

课题一　数控车床圆弧面零件加工 / 41

课题二　数控车床综合零件加工 / 44

模块四　GSK21M 数控铣床基本操作

课题一　数控铣床基本知识 / 61

课题二　数控铣床基本操作 / 69

课题三　数控铣床加工坐标系建立 / 77

课题四　数控铣床程序的输入、编辑与调用 / 80

课题五　数控铣床常用编程指令 / 89

课题六　数控铣床孔加工固定循环指令 / 101

课题七　综合练习 / 114

模块五　数控加工仿真系统

课题一　数控加工仿真系统基本操作　/ 126

课题二　数控铣床仿真系统的使用　/ 129

课题三　数控车床仿真系统的使用　/ 138

模块六　电火花线切割机床操作

课题一　线切割机床基本知识　/ 145

课题二　线切割机床编程软件的使用　/ 157

课题三　线切割机床基本操作　/ 166

课题四　CAXA 线切割软件使用　/ 172

课题五　线切割机床手工编程　/ 178

课题六　电火花成型机床基本操作　/ 182

附录　报警一览表

模块一　GSK980TD 数控车床基本操作

课题一　数控车床基本知识

一、数控车床概述

随着工业生产和科学技术的日益发展,产品的种类越来越多,零件的形状越来越复杂,对加工质量的要求也越来越高,因而对加工设备提出了更多的要求。通用机床自动化程度不高,基本上由人工操作,难以提高生产率和保证产品质量;而数控机床是一种高效的自动化加工设备,它能严格按照加工程序,自动对被加工工件进行加工,这样就缩短了新产品的开发周期,解决了复杂形面零件的加工自动化问题并保证了产品质量。数控车床作为使用最广泛的一类数控机床,主要用于加工多品种、中小批量、产品更新频繁和形状复杂的轴类、盘类、孔类、端面类等回转体零件。

二、数控车床工作原理

数控车床的工作原理是用代码化的数字信息将刀具移动的信息记录在程序介质上,然后输入数控系统,经过译码、运算控制机床的刀具与工件的相对运动,从而加工出形状、尺寸与精度符合要求的零件。在数控车床上加工零件要经过以下几个阶段:

① 编程准备阶段。分析待加工零件图纸,确定合理的加工工艺,包括加工的步骤、刀具的轨迹及切削参数(背吃刀量、转速、进给量),并准备好刀具和夹具。

② 编程阶段。根据零件图纸和加工工艺计算出编程所需数据,用机床数控系统能识别的指令编写数控加工程序(程序就是对加工工艺过程的描述)。

③ 加工准备阶段。包括程序的输入和调试、装夹工件及对刀等。

④ 加工阶段。当执行程序时,机床系统进行程序译码和运算,向机床伺服系统发出运动指令,以驱动机床的运动部件,自动完成对零件的加工。

数控车床工作流程如图 1-1-1 所示。

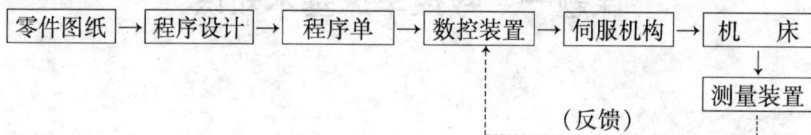

零件图纸 → 程序设计 → 程序单 → 数控装置 → 伺服机构 → 机　床 → 测量装置

(反馈)

图 1-1-1　数控车床工作流程图

三、 数控车床的组成

数控车床大体上可分为数控系统和机床本体两大部分。

1. 数控系统

数控系统主要由输入输出装置、数控装置(CNC)、伺服单元、驱动装置、可编程控制器(PLC)、检测反馈装置及相应的软件组成。

① 输入输出装置。输入装置的作用是将程序载体上的数控代码变成相应的电脉冲信号,传送并存入数控装置内。输入装置包括键盘、磁盘驱动器、光电阅读机等;输出装置通常为显示器,其作用是为操作人员提供必要的信息。

② 数控装置。数控装置是数控系统的核心,它将输入装置送来的脉冲信号进行编译、运算和逻辑处理后,输出各种信号和指令,控制机床的各个部分,使其进行规定的、有序的动作。

③ 伺服单元。伺服单元是数控装置与机床本体的联系环节,它接收来自数控装置的速度和位移指令,这些指令经变换和放大后通过驱动装置转变成执行部件进给的速度、方向和位移。

④ 驱动装置。驱动装置把经过放大的指令信号变为机械运动,通过机械连接部件驱动机床的遛板箱和刀架,使其精确定位或按规定的轨迹做严格的运动,加工出符合要求的零件。驱动装置有步进电动机、伺服电动机等。

⑤ 可编程控制器。可编程控制器(PLC)主要完成与逻辑运算有关的一些功能,没有轨迹上的具体要求。它接收 CNC 的控制代码,如辅助功能、主轴

转速、选刀及换刀等顺序动作信息,然后对顺序动作信息进行译码,转换成对应的控制信号,由控制辅助装置完成机床相应的开关动作。它还接收机床操作面板的指令,一方面直接控制机床的动作,另一方面将一部分指令送往数控装置,用于加工过程的控制。

⑥ 检测反馈装置。检测反馈装置用于检测机床的运动和定位误差,并传送给控制系统,使其修正偏差,从而提高加工精度。

目前国内外常用的数控系统种类主要有 FANUC、SIEMENS、大森、华中数控、广州数控等。

2．机床本体

机床本体即数控车床的机械部分,包括主轴箱、进给机构、刀架、床身及冷却润滑装置等。数控车床机械部分的组成与普通车床相似,但由于数控车床的高速度、高精度、大切削量和连续加工的要求,其机械部件在精度、刚度、抗震性等方面要求更高。

① 主轴箱是车床传递动力的装置,主轴电机的动力通过皮带、变速齿轮传递给主轴,驱动装夹在主轴头部的工件运转。通常,主轴电机的转动经过齿轮变速后可以得到多种输出转速。

② 进给机构用于实现刀具相对于工件位置的运动,它有横、纵两个方向的水平进给,横向进给机构通常又称为遛板箱。两个进给运动通常采用交流伺服电机驱动滚珠丝杠的传动结构,可实现平面连续轨迹运动。

③ 刀架用于安装和支撑刀具,加工中可自动回转换刀,其转位迅速,定位精确。

④ 尾架用于支撑较长零件或进行转、铰孔的加工。

⑤ 床身起连接和支撑车床各部件的作用。

⑥ 工件在进行加工时会产生大量的热,具有相对运动的部位还存在摩擦力,因此需要冷却润滑装置。

? 思考与练习

1. 数控车床的工作原理是什么?
2. 数控车床由哪几部分组成?
3. 数控车床加工内容有哪些?
4. 常用数控系统有哪些?

课题二　数控车床面板功能

学习目标

① 掌握广州 GSK980TD 数控车床面板功能。

② 掌握车床安全操作规程。

③ 熟悉数控车床日常维护及保养。

一、GSK980TD 数控车床特点

GSK980TD 车床数控系统,是广州数控设备有限公司研制的经济与普及型数控系统。作为经济与普及型数控系统的升级换代产品,GSK980TD 系统具有以下特点:

① 采用 32 位 CPU,CPLD 硬件插补技术,实现高速 μm 级控制;

② 采用四层线路板,集成度高,系统工艺结构合理,可靠性高;

③ 液晶(LCD)中文显示,界面友好,操作方便;

④ 加减速可调,可配套步进驱动单元或伺服驱动单元;

⑤ 可变电子齿轮比,应用方便。

二、数控系统操作面板说明

GSK980TD 的 LCD/MDI 面板见图 1-2-1。

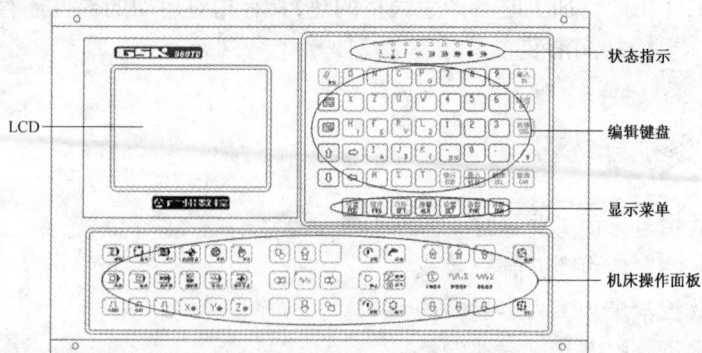

图 1-2-1　GSK980TD 的 LCD/MDI 面板

1.显示菜单键

显示菜单键是用于选择各种显示界面的。GSK980TD 共有 7 种显示界面:位置、程序、刀补、报警、设置、参数、诊断。

各种显示界面解释如表 1-2-1 所示。

表 1-2-1　显示界面的功能

菜 单 键	备 注
位置 POS	进入位置界面。位置界面有相对坐标、绝对坐标、综合坐标、坐标 & 程序等四个页面。
程序 PRG	进入程序界面。程序界面有程序内容、程序目录、程序状态三个页面。
刀补 OFT	进入刀补界面、宏变量界面(反复按键可在两界面间转换)。刀补界面可显示刀具偏值;宏变量界面显示 CNC 宏变量。
报警 ALM	进入报警界面。报警界面有 CNC 报警、PLC 报警两个页面。
设置 SET	进入设置界面、图形界面(反复按键可在两界面间转换)。设置界面有开关设置、数据备份、权限设置;图形界面有图形设置、图形显示两页面。
参数 PAR	进入状态参数、数据参数、螺补参数界面(反复按键可在各界面间转换)。
诊断 DGN	进入诊断界面、PLC 状态、PLC 数据、机床软面板、版本信息界面(反复按键可在各界面间转换)。诊断界面、PLC 状态、PLC 数据显示、CNC 内部信号状态、PLC 各地址、数据的状态信息;机床软面板可进行机床软键盘操作;版本信息界面显示 CNC 软件、硬件及 PLC 的版本号。

2.编辑键盘

编辑键盘说明见 1-2-2。

表 1-2-2 编辑键盘功能说明

按　键	名　称	功能说明
// 复位	复位键	CNC 复位,进给、输出停止等

按　　键	名　称	功能说明
O　N　G X　Z　U　W M　S　T	地址键	地址输入
H／Y　F／E　R／V　L／D P／Q　I／A　J／B　K／C		双地址键,反复按键可在两者间切换
─／空格　／／#	符号键	双地址键,反复按键可在两者间切换
7　8　9 4　5　6 1　2　3 0	数字键	数字输入
．	小数点	小数点输入
输入／IN	输入键	参数、补偿量等数据输入的确定
输出／OUT	输出键	启动通信输出
转换／CHG	转换键	信息、显示的切换
插入／修改　删除／DEL　取消／CAN	编辑键	编辑时程序、字段等的插入、修改、删除(插入／修改为复合键,反复按键可在两功能间切换)

按　键	名　称	功能说明
换行 EOB	EOB 键	程序段结束符的输入
↑ ⇨ ↓ ⇦	光标移动键	控制光标移动
📄 📄	翻页键	同一显示界面上下页面的切换

3. 状态指示

状态指示的说明见表1-2-3。

表 1-2-3　状态指标

符　号	名　称	符　号	名　称
○ ○ ○ X Y Z └─⊕─┘	X,Z 轴回零结束指示灯	○ 〜	快速指示灯
○ ◻▶	单段运行指示灯	○ ◻▶	程序段选跳指示灯
○ ▶◀▶	机床锁指示灯	○ MST ▶◀	辅助功能锁指示灯
○ 〜▶	空运行指示灯		

三、机床操作面板

机床操作面板上的各功能键如表 1-2-4 所示。

表 1-2-4　操作面板功能键

按　键	名　称	功能说明	功能有效时操作方式
//　复位	进给保持键	程序、MDI 指令运行暂停	自动方式、录入方式
运行	循环启动键	程序、MDI 指令运行启动	自动方式、录入方式
⇧　⌁⁒%　进给倍率　⇩	进给倍率键	进给速度的调整	自动方式、录入方式、编辑方式、机械回零、手轮方式、单步方式、手动方式、程序回零
⇧　⌁⁒%　快速倍率　⇩	快速倍率键	快速移动速度的调整	自动方式、录入方式、机械回零、手动方式、程序回零
⇧　%　主轴倍率　⇩	主轴倍率键	主轴速度调整（主轴转速模拟量控制方式有效）	自动方式、录入方式、编辑方式、机械回零、手轮方式、单步方式、手动方式、程序回零
换刀	手动换刀键	手动换刀	机械回零、手轮方式、单步方式、手动方式、程序回零
点动　润滑	点动开关键	主轴点动状态开/关	机械回零、手轮方式、单步方式、手动方式、程序回零
	润滑开关键	机床润滑开/关	
冷却	冷却液开关键	冷却液开/关	自动方式、录入方式、编辑方式、机械回零、手轮方式、单步方式、手动方式、程序回零

按　键	名　称	功能说明	功能有效时操作方式
（正转）（停止）（反转）	主轴控制键	主轴正转 主轴停止 主轴反转	机械回零、手轮方式、单步方式、手动方式、程序回零
（快速开关图标）	快速开关	快速速度/进给速度切换	自动方式、录入方式、机械回零、手动方式、程序回零
（手动进给键图标）	手动进给键	手动、单步操作方式 X,Y,Z 轴正向/负向移动	机械回零、单步方式、手动方式、程序回零
X⊕　Y⊕　Z⊕	手轮控制轴选择键	手轮操作方式 X,Y,Z 轴选择	手轮方式
0.001　0.01　0.1	手轮/单步增量选择与快速倍率选择键	手轮每格移动 0.001/0.01/0.1 mm 单步每步移动 0.001/0.01/0.1 mm	自动方式、录入方式、机械回零、手轮方式、单步方式、手动方式、程序回零
（单段开关图标）	单段开关	程序单段运行/连续运行状态切换,单段有效时单段运行指示灯亮	自动方式、录入方式
（跳段开关图标）	程序段选跳开关	程序段首标有"/"号的程序段是否跳过状态切换,程序段选跳开关打开时,跳段指示灯亮	自动方式、录入方式
（机床锁图标）	机床锁住开关	机床锁住时机床锁住指示灯亮,X,Z 轴输出无效	自动方式、录入方式、编辑方式、机械回零、手轮方式、单步方式、手动方式、程序回零

按　键	名　称	功能说明	功能有效时操作方式
MST 辅助锁	辅助功能锁住开关	辅助功能锁住时辅助功能锁住指示灯亮，M、S、T功能输出无效	自动方式、录入方式
空运行	空运行开关	空运行有效时空运行指示灯点亮，加工程序/MDI指令段空运行	自动方式、录入方式
编辑	编辑方式选择键	进入编辑操作方式	自动方式、录入方式、机械回零、手轮方式、单步方式、手动方式、程序回零
自动	自动方式选择键	进入自动操作方式	录入方式、编辑方式、机械回零、手轮方式、单步方式、手动方式、程序回零
录入	录入方式选择键	进入录入（MDI）操作方式	自动方式、编辑方式、机械回零、手轮方式、单步方式、手动方式、程序回零
机械零点	机械回零方式选择键	进入机械回零操作方式	自动方式、录入方式、编辑方式、手轮方式、单步方式、手动方式、程序回零
手轮	单步/手轮方式选择键	进入单步或手轮操作方式（两种操作方式由参数选择其一）	自动方式、录入方式、编辑方式、机械回零、手动方式、程序回零
手动	手动方式选择键	进入手动操作方式	自动方式、录入方式、编辑方式、机械回零、手轮方式、单步方式、程序回零
程序零点	程序回零方式选择键	进入程序回零操作方式	自动方式、录入方式、编辑方式、机械回零、手轮方式、单步方式、手动方式

四、 数控车床安全操作规程

为正确合理地使用数控车床,保证机床正常运转,必须制定比较完善的数控车床安全操作规程,通常包括以下内容:

① 检查电压、气压、油压是否正常(有手动润滑的部位先要进行手动润滑);

② 机床通电后,检查各开关、旋钮、按键是否正常、灵活,机床有无异常现象;

③ 检查各坐标轴是否回参考点,限位开关是否可靠,若某轴在回参考点前已在参考点位置,应先将该轴沿负方向移动一段距离后,再手动回参考点;

④ 机床开机后应空运转 5 min 以上,使机床达到热平衡状态;

⑤ 装夹工件时应定位可靠,夹紧牢固,检查所用螺钉、压板是否妨碍刀具运动,以及零件毛坯尺寸是否有误;

⑥ 数控刀具选择正确,夹紧牢固;

⑦ 首件加工应采用单段程序切削,并随时注意调节进给倍率控制进给速度;

⑧ 试切削和加工过程中,刃磨刀具、更换刀具后一定要重新对刀;

⑨ 加工结束后应清扫机床并加防锈油;

⑩ 停机时应将各坐标轴停在正向极限位置。

五、 数控车床日常维护及保养

1.机床本体日常维护及保养

① 保持良好的润滑状态,定期检查、清洗自动润滑系统,增加或更换润滑脂、油液,使丝杠、导轨等各运动部位始终保持良好的润滑状态,以降低机械磨损。

② 进行机械精度的检查调整,以减少各运动部件的形位误差。

③ 经常清扫。周围环境对数控机床影响较大,例如,粉尘会被电路板上静电吸引而产生短路现象;油、气、水过滤器、过滤网太脏,会发生压力不够、流量不够、散热不好,造成机、电、液部分的故障等。

数控车床日常维护及保养内容见表1-2-5。

表 1-2-5　数控车床日常维护及保养内容

序号	检查周期	检查部位	检查要求
1	每天	导轨润滑油箱	检查油标的油量,检查润滑泵能否定时启动供油及停止。
2	每天	X,Z 轴导轨面	清除切屑及脏物,检查导轨面有无划伤。
3	每天	压缩空气气源压力	检查气动控制系统压力。
4	每天	主轴润滑恒温油箱	工作正常,油量充足并能调节温度范围。
5	每天	机床液压系统	油箱、液压泵无异常噪声,压力指示正常,管路及各接头无泄漏。
6	每天	各种电气柜散热通风装置	各电气柜冷却风扇工作正常,风道过滤网无堵塞。
7	每天	各种防护装置	导轨、机床防护罩等无松动、无漏水。
8	每半年	滚珠丝杠	清洗丝杆上旧润滑脂,涂上新润滑脂。
9	不定期	切削液箱	检查液面高度,经常清洗过滤器等。
10	不定期	排屑器	经常清理切屑。
11	不定期	清理废油池	及时清除废油池中的废油,以免外溢。
12	不定期	调整主轴传动带松紧程度	按机床说明书调整。
13	不定期	检查各轴导轨上镶条	按机床说明书调整。

2.数控系统日常维护及保养

数控系统使用一定时间以后,某些元器件或机械部件会老化、损坏。为延长元器件的寿命和零部件的磨损周期,应在以下几方面注意维护。

① 尽量少开数控柜和强电柜的门。车间空气中一般都含有油雾、潮气和灰尘,它们一旦落在数控装置内的电路板或电子元器件上,就容易引起元器件间绝缘电阻下降,并导致元器件的损坏。

② 定时清理数控装置的散热通风系统。散热通风口过滤网上灰尘积聚过多,会引起数控装置内温度过高(一般不允许超过 55℃),致使数控系统工作不稳定,甚至发生过热报警。

③ 经常监视数控装置电网电压。数控装置允许电网电压在额定值的 ±10% 范围内波动。如果超过此范围就会造成数控系统不能正常工作,甚至引起数控系统内某些元器件损坏,为此需要经常监测数控装置的电网电压。电网电波波动较大时,应加装电源稳压器。

? 思考与练习

1. 数控车床控制面板由哪几部分组成？练习数控车床控制面板操作。
2. 数控车床日常维护保养的内容有哪些？
3. 怎样做好数控车床的日常维护？

课题三　数控车床程序输入

① 掌握程序查看和调用步骤。
② 掌握新程序的建立和编辑方法。

一、查看已存储的程序

非编辑操作方式下,按 [程序 PRG] 键,进入程序界面,按 [目录] 或 [目录] 键选择程序目录页面,如图 1-3-1 所示。

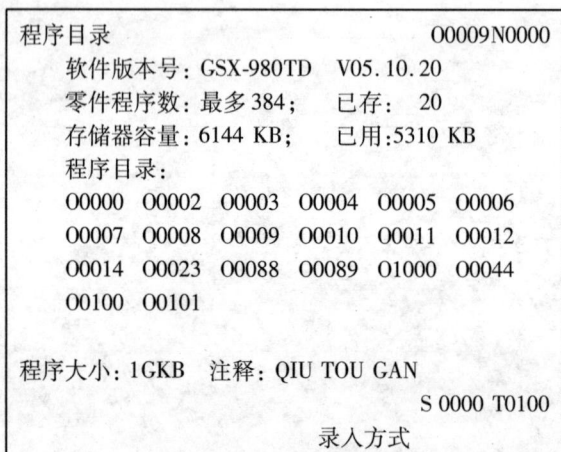

```
程序目录                                    O0009N0000
    软件版本号: GSX-980TD   V05. 10. 20
    零件程序数: 最多384;      已存:   20
    存储器容量: 6144 KB;     已用:5310 KB
    程序目录:
    O0000  O0002  O0003  O0004  O0005  O0006
    O0007  O0008  O0009  O0010  O0011  O0012
    O0014  O0023  O0088  O0089  O1000  O0044
    O0100  O0101

    程序大小:1GKB   注释: QIU TOU GAN
                                         S 0000 T0100
                                    录入方式
```

图 1-3-1　程序目录显示界面

在该页面中可查看 CNC 中已存储程序的程序名,为新程序名的确定作准备。

二、建立新程序

在编辑操作方式,按 [程序 PRG] 键,进入程序内容页面,如图 1-3-2 所示。

```
程序内容  行2  列1   OO101 N0000
C0101：（CNCPROGRAM 20051105）
G50  X100   Z100；
G00  X0  Z2；
G01  W-100  F200；
G00  X100  Z100；
M30；
%



                              S 0000 T0100
                    编辑方式
```

图1-3-2 程序内容显示界面

按地址键字母"O"，选择一个程序目录页面中没有的程序名（如OO001），依次输入OO001，按 换行 EOB 键，建立新程序，页面显示如图1-3-3所示。

```
程序内容  行2  列1   OO001  N0000
OO001：（OO001）
；
%



                              S 0000 T0100
                    编辑方式
```

图1-3-3 建立新程序

按照上面编写的程序逐字符输入，可完成程序的编辑，完成编辑后程序首页显示如图1-3-4所示。

```
程序内容  行2 列1  O0001  N0000
O0001：(O0001)
N0000  G00  X150  Z185；
N0005  M12；
N0010  M03  S300；
N0015  M08；
N0020  T0101；
N0025  G00  X136  Z180；
N0030  G71  U2  R1  F200；
N0035  G71  P0040  Q0180  U1  W1；_
%


                                    S 0000 TO100
                          编辑方式
```

图 1-3-4   程序的首页显示界面

按 ▤ 或 ▤ 键，可显示程序内容的其他部分。

❓ 思考与练习

1. 练习在数控车床上建立新程序并进行程序输入。

课题四　数控车床程序编制基础

一、坐标轴定义

规定数控机床的坐标轴名称和运动方向是非常重要的。对这些规定,数控机床的设计者、操作者和维修人员都应有一个正确统一的理解,否则将可能导致编程混乱、数据通信出错、操作事故等。图 1-4-1 为车床的轴线示意图。

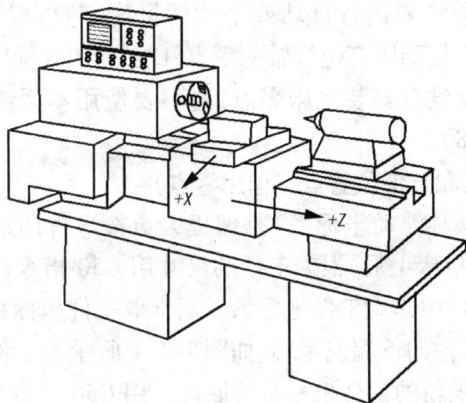

图 1-4-1　坐标轴示意图

本系统采用 X 轴和 Z 轴组成的直角坐标系进行定位和插补运动。X 轴为水平面的前后方向,Z 轴为水平面的左右方向。向工件靠近的方向为负方向,离开工件的方向为正方向。

本系统支持前、后刀座功能,且规定(从车床正面看)刀架在工件的前面称为前刀座,刀架在工件的后面称为后刀座。图 1-4-2 为前刀座的坐标系,图 1-4-3 为后刀座的坐标系。从图 1-4-2、图 1-4-3 可以看出,前后刀座坐标系的 X 方向正好相反,而 Z 方向是相同的。在以后的图示和示例中,如果用前刀座来说明编程的应用,那么后刀座车床数控系统可以类推。

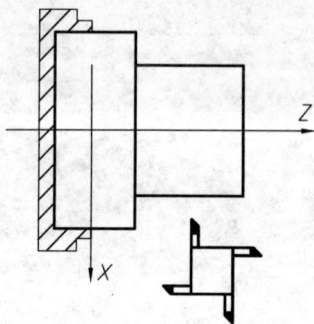

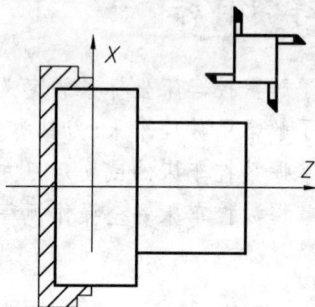

图 1-4-2　前刀座的坐标系　　　　　图 1-4-3　后刀座的坐标系

1.机床坐标系和机床零点

机床坐标系是机床固有的坐标系,机床坐标系的零点称为机床零点(机械零点),通常定值在 X 轴和 Z 轴的正方向的最大行程处。在机床经过设计、制造和调整后,这个零点便被确定下来,它是固定的点。数控装置上电时并不知道机床零点,通常要进行自动或手动回机床零点,以建立机床坐标系。机床回到机床零点,找到所有坐标轴的零点,CNC 就建立起了机床坐标系。

注意,若车床上没有安装机床零点,请不要使用本系统提供的有关机床零点的功能(如 G28)。

2.工件坐标系和参考位置点（程序零点）

工件坐标系(又称浮动坐标系)是编程人员按零件图纸设定的直角坐标系。当零件装夹到机床上后,根据工件的尺寸用 G50 指令设置刀具当前位置的绝对坐标,在 CNC 中建立工件坐标系。通常取工件坐标系的 Z 轴与主轴轴线重合,X 轴位于零件的首端或尾端,如图 1-4-4 所示。工件坐标系一旦建立便一直有效,直到被新的工件坐标系所取代。用 C50 设定工件坐标系的当前位置为程序零点,执行程序回零操作后就回到此位置。

注意,在上电后如果没有用 G50 指令设定工件坐标系,请不要执行回程序零的操作,否则会产生报警。

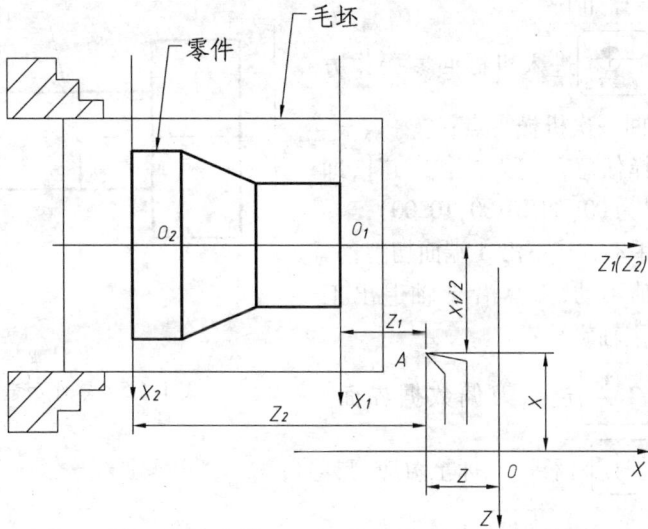

图 1-4-4　工件坐标系

图 1-4-4 中,XOZ 为机床坐标系,$X_1O_1Z_1$ 为 X 坐标轴在工件首端的工件坐标系,$X_2O_2Z_2$ 为坐标轴在工件尾端的坐标系,O 为机械零点,A 为刀尖,A 在上述三坐标系中的坐标如下:

A 点在机床坐标系中的坐标为(X,Z);

A 点在 $X_1O_1Z_1$ 坐标系中的坐标为(X_1,Z_1);

A 点在 $X_2O_2Z_2$ 坐标系中的坐标为(X_2,Z_2)。

二、数控车床常用刀具

数控车床刀具与一般车床车刀相类似,常用的有整体式、焊接式、机夹式和可转位车刀。为适应数控加工特点,数控车床常用可转位车刀,并采用涂层刀片,以提高加工效率。

三、试切对刀

用此对刀方法不需要基准刀,在刀具磨损或调整任何一把刀具时,只要对此刀具进行重新对刀即可。对刀前及断电后重新上电,只要回一次机械零点即可继续加工,操作简单方便,但对刀时不能带刀偏。使用这种对刀方法时,请设置 2 号参数 BIT0 PTSR 为 1,即刀偏执行方式为坐标偏移方式,如图 1-4-5 所示。

操作步骤如下：

① 按 [⊕ 机械零点] 进入机械回零操作方式，使两轴回一次机械零点；

② 选择任意一把刀，不带刀补，即刀具偏置号为 00（如 T0100, T0200）；

③ 在手动方式下沿 A 端面切削；

④ Z 轴不动，刀具沿 X 轴退出工件外，停止主轴旋转；

⑤ 按 [刀补 OFT] 进入刀偏数据界面，

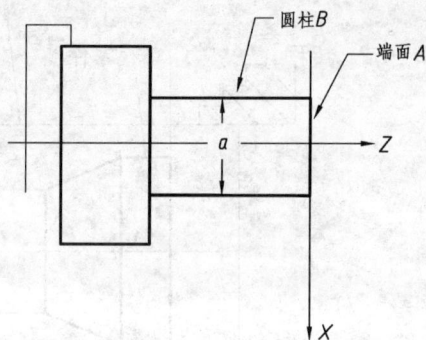

图 1-4-5 零件示意图

[↑] 键或 [↓] 键移动光标至对应刀具号；

⑥ 输入 "Z0" 按 [输入 IN] 键，此时系统自动计算 Z 方向的刀偏值并设定；

⑦ 启动主轴，在手动方式下，沿 B 圆柱面往 Z 负方向加工一段距离，X 轴不动，刀具沿 Z 正方向退出工件；

⑧ 测量直径 "α"，输入 "xα"，按 [输入 IN] 键，此时系统自动计算 X 方向的刀偏值并设定；

⑨ 移动刀具到安全位置，换另一把刀，同样不带刀补；

⑩ 重复 3～9 步骤，完成其他刀的对刀。

注意事项：

① 用本方法对刀时，不能带刀补，需在 T0100 下进行。

② 必须确认机床有机床零点，否则不能使用此方法。

③ 使用此方法对刀后，在程序中不得使用 G50 设定坐标系。

④ 以下参数必须设置：P002 BIT6 TOC 必须设定为 1（偏移矢量复位时不变）；P003 BIT7 ABOT 必须设定为 0（绝对坐标断电记忆）；P006 BIT6 APRS 必须设定为 1（回参考点自动设定坐标系）。

四、安全操作

1. 急停

当机床出现异常情况时，按下急停按钮，机床移动立即停止，并且所有的输出（如主轴的转动）、冷却液等也全部关闭。顺时针旋转按钮后解除急停，急停解除后机床需重新执行回零操作,程序也必须重新执行。

2.超程

如果刀具进入了由参数规定的禁止区域(存储行程极限),则显示超程报警,刀具减速后停止。此时用手动将刀具向安全方向移动,按复位按钮便会解除报警。具体的范围请参照机床厂家提供的使用说明书。

3.报警处理

当出现异常运转时,请确认下列各项的内容:

① 当液晶屏幕显示报警时,请参照附录"报警一览表"确定故障原因。

② 当液晶屏幕上没显示报警代码时,可根据液晶屏幕的显示确认系统运行到何处和处理的内容,请参照"CNC 的状态显示"。

思考与练习

1. 常用数控车床加工刀具有哪些?
2. 如何建立数控车床加工坐标系?
3. 练习数控车床安全操作。

模块二 轴类零件加工

课题一 数控车床基本编程指令

学习目标

① 了解程序的一般结构。
② 掌握常用编程规则。
③ 理解程序中常用功能字的含义。

一、程序的构成

程序是控制数控机床完成零件加工的指令系列的集合,可使刀具沿着直线、圆弧运动,同时控制主轴启动与停止、冷却液开关等动作。

1. 程序的一般结构

程序的一般结构如表 2-1-1 所示。

表 2-1-1 程序的一般结构

01234		
N10 T0101		程序名
N20 G00 X100 Z200		
N30 M03 S800		
N40 G00 X30 Z2 语		
N50 G01 X30 Z -30 F100		程序主体
N60 G01 X50		
N70 G00 X100 Z200		
N80 M05		程序结束
N90 M30		

2．编程规则

在数控车床上使用 ISO 代码编程,需遵守以下规则:

① 程序必须有程序名(不允许重复),程序名作为程序的标志需要预先设定,其格式如下:

O □□□□

指令地址 O　程序号(0000~9999,前导 0 可省略)

GSK980TD 最多可以存储 384 个程序。

② 刀具移动的最小单位是 0.001 mm,程序中数字单位以小数点界定,有小数点时,其左边第一位为 mm;无小数点时,个位为 0.001 mm,如程序中 X50 表示 X＝0.050 mm;X50. 表示 X＝50 mm。

③ 每一程序行必须以“;”结束,每输完一个程序段后换行分号“;”自动生成。

④ 一个完整的程序要以一个程序号开始,并以主程序后面的 M30 结束。

二、 准备功能 （G 功能）

准备功能——G 代码由 G 及其后两位数值组成,它用来指定刀具相对工件的运动轨迹、进行坐标设定等多种操作。

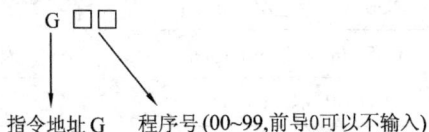

G □□

指令地址 G　程序号(00~99,前导0可以不输入)

G 代码被分为 00,01,02,03,06,07 组。其中 00 组属于非模态代码,其余组属于模态 G 代码。模态 G 指令一经执行,其功能和状态一直有效,当同组的其他 G 代码被执行后,原 G 功能和状态被注销。

初态 G 代码是指系统上电后初始的模态,G 代码的初态有 G00,G97,G98,G40 和 G21。非模态 G 代码一经执行,其功能和状态仅一次有效,以后若使用相同的功能和状态必须再次执行。在同一个程序段中可以指令几个不同组的 G 代码,如果在同一个程序段中指令了两个以上的同组 G 代码,会产生 131 号报警。没有共同指令字的不同组 G 代码可以放在同一程序段中,功能同时有效,并且与先后顺序无关。

G 代码一览表如表 2-1-2 所示。

表 2-1-2　G 代码一览表

代码	组别	格　　式	说　　明
G00*	01	G00 X(U)__Z(W)__;	定位,快速移动,各轴速率参数设定
G01		G01 X(U)__Z(W) __ __F;	直线插补
G02		G02 X(U)__Z(W)__R__(I_K__) F__;	顺时针圆弧插补,CW
G03		G03 X(U)__Z(W)__R__(I_K__) F__;	逆时针圆弧插补,CCW
G04	00	G04 P__;或 G04 X__;	暂停
G20	06	G20;	英制单位选择
G21*		G21;	公制单位选择
G28	00	G28 X(U)__Z(W) __;	返回参考点,X,Z 指定中间点
G40*	07	G40	刀具半径补偿取消
G41		G41	左侧刀具半径补偿
G42		G42	右侧刀具半径补偿
G32	01	G32 X(U)__Z(W) __F(I)__;	等螺距螺纹切削
G33	01	G33 Z(W) __F(I)__;	攻丝循环
G34	01	G34 X(U)__Z(W) __F(I)__K__;	变螺距螺纹切削
G50	00	G50 X(U)__Z(W)__;	坐标系设定
G65	00	G65 Hm P#I Q#J R#K;	宏指令(具体见后)
G70	00	G70 P(ns) Q(nf);	精加工循环
G71		G71 U(ΔD) R(E)G71 P(NS) Q(NF) U(ΔU) W(ΔW) F(F) S(S) T(T);	外圆粗车循环
G72		G72 W(ΔD) R(E)G72 P(NS) Q(NF) U(ΔU) W(ΔW) F(F) S(S) T(T);	端面粗车循环
G73		G73 U(ΔI) W(ΔK) R(D)G73 P(NS) Q(NF) U(ΔU) W(ΔW) F(F) S(S) T(T);	封闭切削循环
G74		G74 R(e) G74 X(U) Z(W) P(Δi) Q(Δk) R(Δd) F(f);	端面深孔加工循环
G75		G75 R(e) G75 X(U) Z(W) P(Δi) Q(Δk) R(Δd) F(f);	外圆内圆切槽循环
G76		G76 P(m) (r) (a) Q(Δdmin) R(d) G76 X(U) Z(W) R(i) P(k) Q(Δd) F(L);	复合型螺纹切削循环

代码	组别	格　式	说　明
G90		G90 X(U)__ Z(W)__ R__ F__;	外圆,内圆车削循环
G92	01	G92 X(U)__ Z(W)__ R__ F(I)__ J__ K__;	螺纹切削循环
G94		G94 X(U)__ Z(W)__ R__ F__;	端面车削循环
G96	02	G96 S;	恒线速控制
G97*		G97 S;	取消恒线速控制
G98*	03	G98;	每分进给
G99		G99;	每转进给

注:带有 * 记号的 G 代码,当电源接通时,系统处于这个 G 代码的状态;00 组的 G 代码是非模态 G 代码。

三、尺寸字

尺寸字是构成程序段的要素。尺寸字是由地址和其后面的数字构成的(有时在数字前带有负号)。地址是英文字母(A ~ Z)中的一个字母,它规定了其后数值的意义。在 GSK980TD 系统中,可以使用的地址和意义如表 2-1-3 所示。根据不同的指令,有时一个地址也有不同的意义。

表 2-1-3　尺寸字取值范围及功能意义

地　址	取　值　范　围	功　能　意　义
O	0 ~ 9 999 mm	程序名
N	0 ~ 9 999 mm	顺序号
G	00 ~ 99 mm	准备功能
X	− 9 999.999 ~ 9 999.999 mm	X 向坐标地址
	0 ~ 9 999.999 s	暂停时间指定
Z	− 9 999.999 ~ 9 999.999 mm	Z 向坐标地址
U	− 9 999.999 ~ 9 999.999 mm	X 向增量
	− 9 999.999 ~ 9 999.999 mm	G71,G72,G73 代码中 X 向精加工余量
	0. 001 ~ 9 999.999 mm	G71 中切削深度
	− 9 999.999 ~ 9 999.999 mm	G73 中 X 向退刀距离

地　址	取 值 范 围	功 能 意 义
W	-9 999.999 ~ 9 999.999 mm	Z 向增量
	0.001 ~ 9 999.999 mm	G72 中切削深度
	-9 999.999 ~ 9 999.999 mm	G71,G72,G73 指令中 Z 向精加工余量
	-9 999.999 ~ 9 999.999 mm	G73 中 Z 向退刀距离
R	-9 999.999 ~ 9 999.999 mm	圆弧半径
	0.001 ~ 9 999.999mm	G71,G72 循环退刀量
	1 ~ 9 999 999 次	G73 中粗车次数
	0 ~ 9 999.999 mm	G74,G75 中切削后的退刀量
	0 ~ 9 999.999 mm	G74,G75 中切削到终点时候的退刀量
	0 ~ 9 999.999 mm	G76 中精加工余量
	-9 999.999 ~ 9 999.999 mm	G90,G92,G94 中锥度
I	-9 999.999 ~ 9 999.999 mm	圆弧中心相对起点在 X 轴矢量
	0.06 ~ 25 400 牙/英寸	英制螺纹牙数
K	-9 999.999 ~ 9 999.999 mm	圆弧中心相对起点在 Z 轴矢量
F	0 ~ 8 000 mm/min	分进给速度
	0.001 ~ 500 mm/r	转进给速度
	0.001 ~ 500 mm	公制螺纹导程

四、辅助功能（M 功能）

在地址 M 后面指令两位数值,系统把对应的控制信号送给机床,以控制机床相应功能的开关。M 代码在一个程序段中只允许一个有效,M 代码信号为电平输出,保持信号。常用 M 功能字含义见表 2-1-4。

表 2-1-4　常用 M 功能字含义

M 功能字	含　义
M00	程序停止
M01	程序选择停止
M02	程序结束

M 功能字	含　义
M03	主轴顺时针旋转
M04	主轴逆时针旋转
M05	主轴旋转停止
M06	换刀
M07	2 号冷却液打开
M08	1 号冷却液打开
M09	冷却液关闭
M10	尾座进
M11	尾座退
M12	卡盘夹紧
M13	卡盘松开
M30	程序结束并返回程序开始处
M98	调用子程序
M99	返回子程序

五、 主轴功能 S

主轴功能 S 控制主轴转速,其后的数值表示主轴速度,单位为 r/min。

恒线速度功能中,S 指定切削线速度,其后的数值单位为 m/min。G96 恒线速度有效、G97 取消恒线速度。

S 是模态指令,S 功能只有在主轴速度可调节时有效。

S 所编程的主轴转速可以借助机床控制面板上的主轴倍率开关进行修调。

六、 进给速度 F

F 指令表示工件被加工时刀具相对于工件的合成进给速度,F 的单位取决于 G94/G98(每分钟进给量,mm/min)或 G95/G99(主轴每转一转刀具的进给量,mm/r)。使用下式可以实现每转进给量与每分钟进给量的转化。

$$f_m = f_r \times S$$

式中,f_m 为每分钟的进给量,mm/min;

f_r 为每转进给量,mm/r;

S 为主轴转数,r/min。

当工作在 G01,G02 或 G03 方式下,编程的 F 一直有效,直至被新的 F 值所取代,而工作在 G00 方式下,快速定位的速度由机床系统参数设定,与所编 F 无关。

七、刀具功能 T

T 代码用于选刀,其后的四位数字分别表示选择的刀具号和刀具补偿号。T 代码与刀具的关系是由机床制造厂规定的,请参考机床厂家的说明书。

执行 T 指令,转动转塔刀架,选用指定的刀具。同时调入刀补寄存器中的补偿值(刀具的几何补偿值即偏置补偿与磨损补偿之和),该值不立即移动,而是当后面有移动指令时一并执行。

当一个程序段同时包含 T 代码与刀具移动指令时:先执行 T 代码指令,而后执行刀具移动指令,如以下程序所示。

%0012

N01 T0101（此时换刀,设立坐标系,刀具不移动）

N02 M03 S460

N03 G00 X45 Z0

N04 G01 X10 F100

N05 G00 X80 Z30

N06 T0202（此时换刀,设立坐标系,刀具不移动）

N07 G00 X40 Z5

N08 G01 Z−20 F100

N09 G00 X80 Z30

N10 M30

❓ 思考与练习

1. 数控程序的基本构成有哪些?
2. 数控程序中常用的字有哪些?

课题二　数控车床简单阶梯轴加工

学习目标

① 掌握常用 F,M,G 等功能。
② 掌握 G00,G01 指令及其应用。
③ 掌握简单数控程序的编写。
④ 熟悉数控车床基本加工操作方法。

一、快速定位 G00

指令格式:G00 X(U)__　Z(W)__;

指令功能:刀具以机床规定的速度从所在位置移动到目标点,移动速度由机床系统设定,无需在程序段中指定。X 轴和 Z 轴同时从起点以各自系统设定速度移动到终点,短轴先到达终点,长轴独立移动剩下的距离,其合成轨迹不一定是直线,如图 2-2-1 所示。

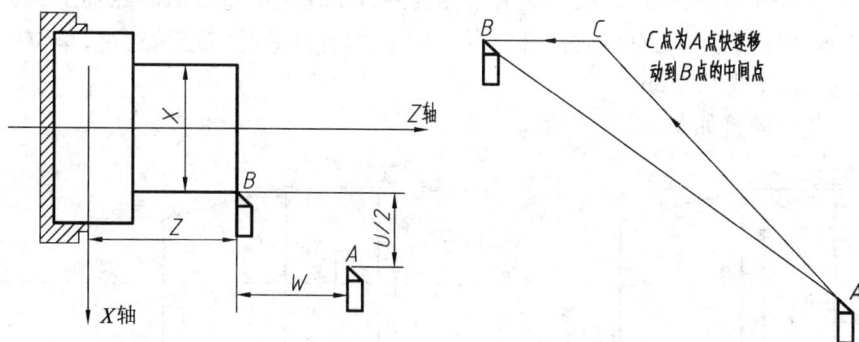

图 2-2-1　加工示意及轨迹图

示例:图 2-2-2 中刀具从 A 点快速移动到 B 点,编写其程序。

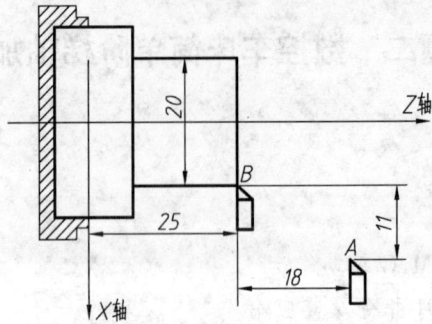

图 2-2-2　零件加工图

程序：

G00 X20 Z25	（绝对坐标编程）
G00 U-22 W-18	（相对坐标编程）
G00 X20 W-18	（混合坐标编程）
G00 U-22 Z25	（混合坐标编程）

二、直线插补 G01

指令格式：G01 X（U）＿Z（W）＿F＿；

指令功能：刀具以进给功能 F 下编程的进给速度沿直线从起点加工到目标点。其中，X，Z 为直线插补目标点坐标，F 为直线插补时进给速度，单位一般为 mm/r 或 mm/min。

指令轨迹如图 2-2-3 所示。

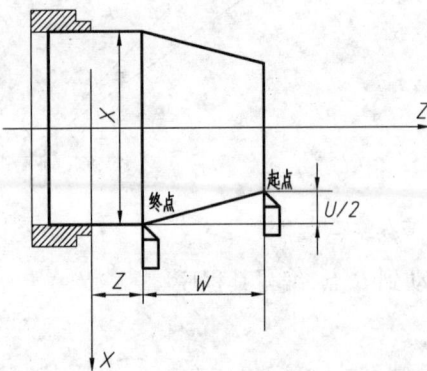

图 2-2-3　指令轨迹图

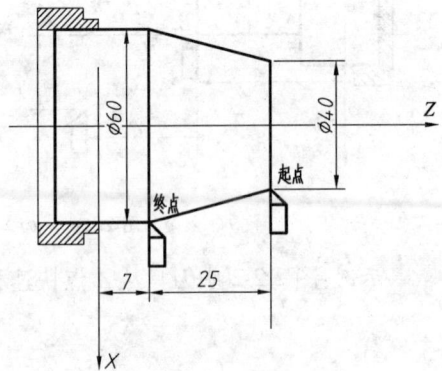

图 2-2-4　零件加工图

示例：从 φ40 切削到 φ60 的程序指令（如图 2-2-4）。

程序：

G01 X60 Z7 F200　　（绝对坐标编程）

G01 U20 W – 25　　（相对坐标编程）

G01 X60 W – 25　　（混合坐标编程）

G01 U20 Z7　　（混合坐标编程）

❓ 思考与练习

1. G00 与 G01 指令的运动轨迹有什么不同？

2. 编写图 2-2-5 中的加工程序。

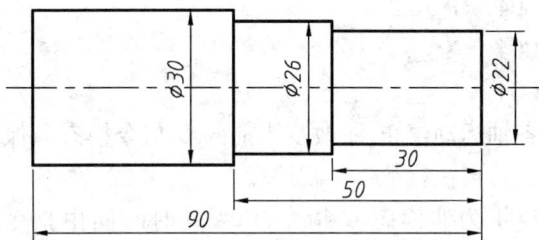

图 2-2-5　零件示意图

课题三　数控车床槽加工和螺纹加工

一、暂停指令 G04

指令格式:G04　　P__;

　　　　或 G04　　X__;

　　　　或 G04　　U__;

指令功能:各轴运动停止,不改变当前的 G 指令模态和保持的数据状态,延时给定的时间后,再执行下一个程序段。

指令说明:G04 为非模态 G 指令,G04 延时时间由指令字 P__、X__或 U__指定,P,X,U 指令范围为 0.001 ~ 99 999.999 s。

指令字 P__、X__或 U__指令值的时间单位如表 2-3-1 所示。

表 2-3-1　指令值的时间单位

地址	P	U	X
单位	0.001 s	s	s

注意事项:

① 当 P,X,U 未输入时或 P,X,U 指定负值时,表示程序段间准停。

② 当 P,X,U 在同一程序段时,P 有效;若 X,U 在同一程序段,X 有效。

③ 在 G04 指令执行中,进行进给保持的操作,当前延时的时间要执行完毕后方可暂停。

二、 槽的加工工艺

1．窄槽加工方法

当槽宽度尺寸不大时,可用刀头宽度等于槽宽的切槽刀,一次进给切出,如图 2-3-1 所示。编程进还可以用 G04 指令在刀具切至槽底时停留几秒钟,以光整槽底。

2．宽槽加工方法

当槽宽尺寸较大(大于切槽刀刀头宽度),应采用多次进给法加工,并在槽底及槽壁两侧留有一定精车余量,然后根据槽底、槽宽尺寸进行精加工。宽槽加工的刀具路线如图 2-3-2 所示。

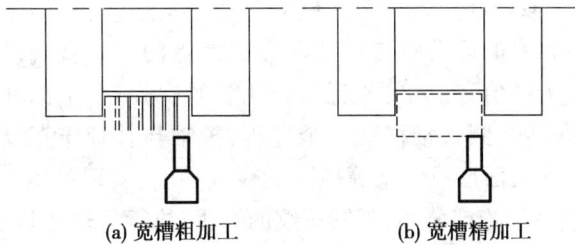

图 2-3-1　窄槽加工路线

(a) 宽槽粗加工　　　　　(b) 宽槽精加工

图 2-3-2　宽槽加工的刀尖路线

注意事项:

① 切槽刀有左、右两个刀尖及切削刃中心三个刀位点。在整个加工程序中应采用同一个刀位点,一般采用左侧刀尖作为刀位点,对刀编程较为方便。

② 切槽过程中退刀路线应合理,避免撞刀具;切槽后应先沿径向(X 轴)退出刀具,再沿轴向(Z 轴)退刀。

③ 由于切刀受力大,切槽刀强度低,转速及进给速度应选择小一点。

三、 螺纹加工

GSK98OTD 具有多种螺纹切削功能,可加工英制/公制的单头、多头、变螺距螺纹与攻牙循环,螺纹退尾长度、角度可变,多重循环螺纹切削可单边切削,从而能保护刀具,提高表面光洁度。螺纹功能包括连续螺纹切削指令 G32、变螺距螺纹切削指令 G34、攻牙循环切削指令 G33、螺纹循环切削指令 G92 和螺纹多重循环切削指令 G76。

使用螺纹切削功能机床必须安装主轴编码器,根据机床参数设置主轴编码器线路与编码器的传动比。切削螺纹时,系统收到主轴编码器一转信号才移动 X 轴或 Z 轴开始螺纹加工,因此只要不改变主轴转速,可以分粗车、精车多次切削完成同一螺纹的加工。

GSK980TD 具有的多种螺纹切削功能可用于加工没有退刀槽的螺纹,但由于在螺纹切削的开始及结束部分 X 轴、Z 轴有加减速过程,此时的螺距误差较大,因此仍需要在实际的螺纹起点与结束时留出螺纹引入长度与退刀的距离。

在螺纹螺距确定的条件下,螺纹切削时 X 轴、Z 轴的移动速度由主轴转速决定,与切削进给速度倍率无关。螺纹切削时主轴倍率控制有效,主轴转速发生变化时,由于 X 轴、Z 轴加减速的原因会使螺距产生误差,因此,螺纹切削时不要进行主轴转速调整,更不要停止主轴,主轴停止将导致刀具和工件损坏。

1. 等螺距螺纹切削指令 G32

指令格式:G32(U)__ Z(W)__ F(I)__ J__ K__ Q__;

指令功能:刀具的运动轨迹是从起点到终点的一条直线,从起点到终点位移量(X 轴按半径值)较大的坐标轴称为长轴,另一个坐标轴称为短轴,运动过程中主轴每转一圈长轴移动一个导程,短轴与长轴作直线插补,刀具切削工件时,在工件表面形成一条等螺距的螺旋切削,实现等螺距螺纹的加工。F,I 指令字分别用于给定公制、英制螺纹的螺距,执行 G32 可以加工公制或英制等螺距的直螺纹、锥螺纹、端面螺纹和连续的多段螺纹。

指令说明:

螺纹的螺距是指主轴转一圈长轴的位移量(X 轴位移量则是半径值);起点和终点的 X 坐标值相同(不输入 X 或 U)时,进行直螺纹切削;起点和终点的 Z 坐标值相同(不输入 Z 或 F)时,进行端面螺纹切削;起点和终点 X,Z 坐标值都不相同时,进行锥螺纹切削。

F:公制螺纹螺距,即主轴转一圈长轴的移动量,取值范围 0.001 ~ 500 mm,F 指令值执行后保持有效,直至再次执行给定螺纹螺距的 F 指令字。

I:每英寸螺纹的牙数,即长轴方向 1 英寸(25.4 mm)长度上螺纹的牙数,也可理解为长轴移动 1 英寸(25.4 mm)时主轴旋转的圈数。取值范围 0.06 ~ 25 400 牙/英寸,I 指令值执行后保持有效,直至再次执行给定螺纹螺距 I 指令字。

J:螺纹退尾时在短轴方向的移动量(退尾量),取值范围为 -9 999.999 ~ 9 999.999(单位:mm),带正负方向。如果短轴是 X 轴,该值为半径指定。J 值是模态参数。

K:螺纹退尾时在长轴方向的长度,取值范围为 0 ~ 9 999.999(单位是 mm),

如果长轴是 X 轴,则该值为半径指定,不带方向。K 值是模态参数。

Q:起始角,指主轴一转信号与螺纹切削起点的偏移角度。取值范围 0 ~ 360 000(单位:0.001 度)。Q 值是非模态参数,每次使用都必须指定,如果不指定就认为是 0 度;对于连续螺纹切削,除第一段的 Q 有效外,如果后面螺纹切削段指定的 Q 无效,则即使定义了 Q 也被忽略;由起始角定义分度形成的多头螺纹总头数不超过 65 535 头;若与主轴一转信号偏移 180°,程序中需输入 Q180000,如果输入的为 Q180 或 Q180.0,均认为是 0.18 度。

长轴、短轴的判断方法如图 2-3-3 所示。

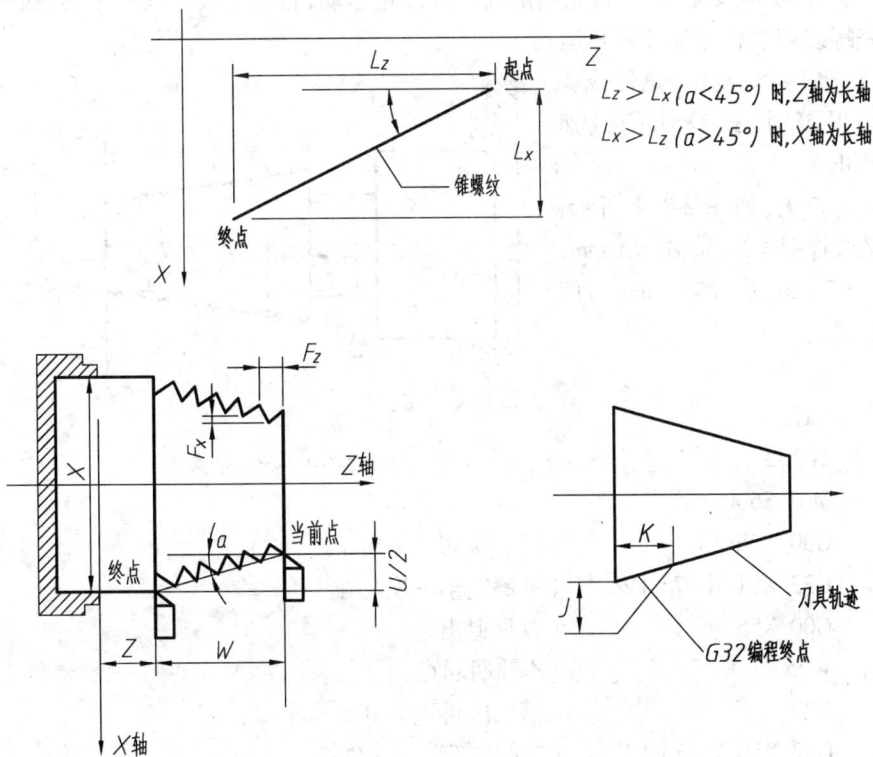

$L_z > L_x(a < 45°)$ 时,Z 轴为长轴

$L_x > L_z(a > 45°)$ 时,X 轴为长轴

图 2-3-3 判断方法示意图

注意事项:

① J,K 是模态指令,连续螺纹切削时下一程序段省略 J,K,按胶面的 J,K 值进行退尾,在执行非螺纹切削指令时取消 J,K 模态。

② 省略 J 或 J,K 时,无退尾;省略 K 时,按 K = J 退尾。

③ J = 0 或 J = 0,K = 0 时,无退尾。

④ J≠0 或 J=0 时,按 J=K 退尾。

⑤ J=0,K≠0 时,无退尾。

⑥ 当前程序段为螺纹切削,下一程序段也为螺纹切削,在下程序段切削开始时不检测主轴位置编码器的一转信号,直接开始螺纹加工,此功能可实现连续螺纹加工。

⑦ 执行进给保持操作后,系统显示"暂停",但螺纹切削不停止,直至当前程序段执行完才停止运动;若为连续螺纹加工,则执行完螺纹切削程序段才停止运动,程序运行暂停。

⑧ 在单段运行,执行完当前程序段停止运动,若为连续螺纹加工,则执行完螺纹切削程序段才停止运动。

⑨ 系统复位、急停或驱动报警时,螺纹切削减速停止。

示例:如图 2-3-4 所示,螺纹螺距 =2 mm,δ_1 =3 mm,δ_2 =2 mm,总切深2 mm,分两次切入。

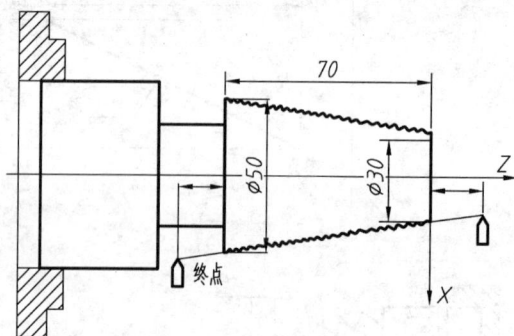

图 2-3-4　加工示意图

程序:

O1234

T0202

M03 S600

G00 X28 Z3　　　　　　　　(第一次切入1 mm)

G32 X51 W−75 F2　　　　　(锥螺纹第一次切削)

G00 X55　　　　　　　　　(刀具退出)

W75　　　　　　　　　　　(Z 轴回起点)

X27　　　　　　　　　　　(第二次再进刀0.5 mm)

G32 X50 W−75 F2　　　　　(锥螺纹第二次切削)

G00 X55　　　　　　　　　(刀具退出)

W75　　　　　　　　　　　(Z 轴回起点)

M30

不同螺距螺纹牙深不同,螺纹加工时切削次数及吃刀量也不相同,为了保证螺纹加工质量,根据经验,常用米制螺纹加工,参数如表 2-3-2 所示。

表 2-3-2　常用螺纹切削的进给次数与吃刀量

单位:mm

米制螺纹							
螺距	1.0	1.5	2	2.5	3	3.5	4
牙深(半径量)	0.649	0.974	1.299	1.624	1.949	2.273	2.598
切削次数及吃刀量　1次	0.7	0.8	0.9	1.0	1.2	1.5	1.5
2次	0.4	0.6	0.6	0.7	0.7	0.7	0.8
3次	0.2	0.4	0.6	0.6	0.6	0.6	0.6
4次		0.16	0.4	0.4	0.4	0.6	0.6
5次			0.1	0.4	0.4	0.4	0.4
6次			0.15	0.4	0.4	0.4	0.4
7次					0.2	0.2	0.4
8次						0.15	0.3
9次							0.2
注意:吃刀量均为直径量							

2. 螺纹切削循环 G92

指令格式:

G92　X(U)_Z(W)__ F__ J__ K__ L__;　　　(公制直螺纹切削循环)

G92　X(U)_Z(W)__ I__ J__ K__ L__;　　　(英制直螺纹切削循环)

G92　X(U)_Z(W)__ R__ F__ J__ K__ L__;　　(公制锥螺纹切削循环)

G92　X(U)_Z(W)__ R__ I__ J__ K__ L__;　　(英制锥螺纹切削循环)

指令功能:从切削起点开始,进行径向(X 轴)进刀、轴向(Z 轴或 X,Z 轴同时)切削,实现等螺距的直螺纹、锥螺纹切削循环。执行 G92 指令,在螺纹加工末端有螺纹退尾过程;在距离螺纹切削终点固定长度(称为螺纹的退尾长度)处,在 Z 轴继续进行螺纹插补的同时,X 轴沿退刀方向指数或线性(由参数设置)加速退出,Z 轴到达切削终点后,X 轴再以快速移动速度退刀。

指令说明:

G92 为模态 G 指令;

切削起点:螺纹插补的结束位置;

切削终点:螺纹插补的结束位置;

X:切削终点 X 轴绝对坐标,单位为 mm;

U:切削终点与起点 X 轴绝对坐标的差值,单位为 mm;

Z:切削终点 Z 轴绝对坐标,单位为 mm;

W:切削终点与起点 Z 轴绝对坐标的差值,单位为 mm;

R:切削起点与切削终点 X 轴绝对坐标的差值(半径值),当 R 与 U 的符号不一致时,要求|R|≤|U/2|,单位为 mm;

F:公制螺纹螺距,取值范围 0.001 ~ 500 mm,F 指令值执行后保持,可省略输入;

I:英制螺纹每英寸牙数,取值范围 0.06 ~ 25400 牙/英寸,I 指令值执行后保持,可省略输入;

J:螺纹退尾时在短轴方向的移动量,取值范围 0 ~ 9999.999(单位:mm),不带方向,模态参数,若长轴是 X 轴,该值为半径指定;

L:多头螺纹的头数,该值的范围是 1 ~ 99,模态参数。省略 L 时默认为单头螺纹。

G92 指令可以分多次进刀完成一个螺纹的加工,但不能实现两个连续螺纹的加工,也不能加工端面螺纹。G92 指令螺纹螺距的定义与 G32 一致,螺距是指主轴转一圈长轴的位移量(X 轴位移量按半径值)。

锥螺纹的螺距是指主轴转一圈长轴的位移量(X 轴位移量为半径值),B 点与 C 点 Z 轴坐标差的绝对值大于 X 轴(半径值)坐标差的绝对值时,Z 轴为长轴;反之,X 轴为长轴。

循环过程:直螺纹如图 2-3-5 所示,锥度螺纹如图 2-3-6 所示。

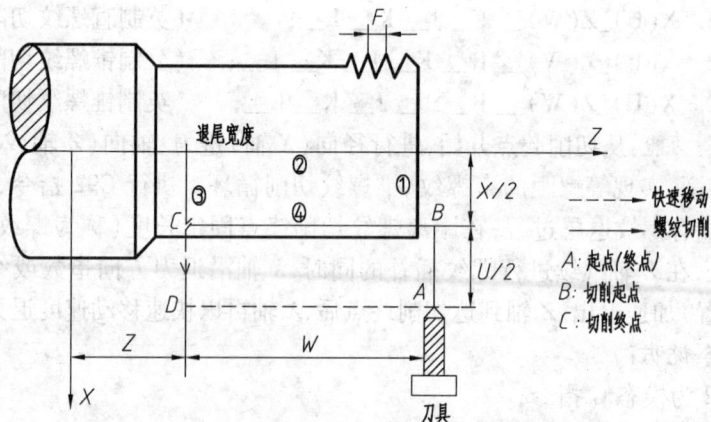

图 2-3-5 直螺纹

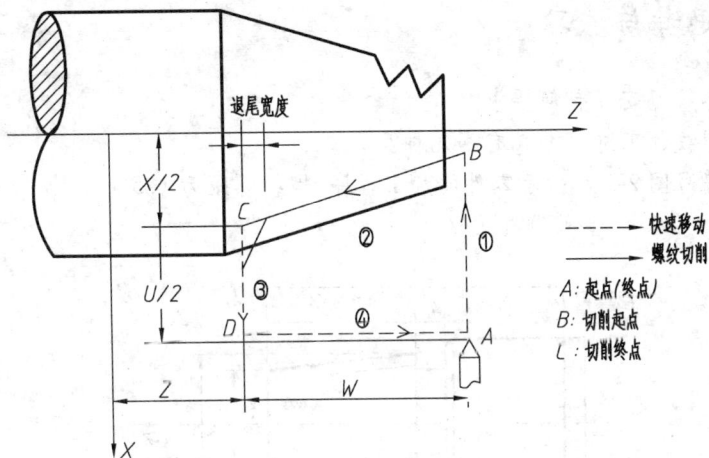

图 2-3-6 锥度螺纹

① X 轴从起点快速移动到切削起点；

② 从切削起点螺纹插补到切削终点；

③ X 轴快速退刀(与①方向相反),返回到 X 轴绝对坐标与起点相同处；

④ Z 轴快速移动返回到起点,循环结束。

示例:加工如图 2-3-7 直螺纹。

程序:

O6666

T0202(螺纹刀)

G00 X20 Z5(快速定位)

M03 S500

G00 X14

G92 X11.3 Z−18 F1(加工螺纹,分三刀切削,第一次进刀 0.7 mm)

X10.9(第二次进刀 0.4 mm)

X10.7(第三次进刀 0.2 mm)

G00 X100 Z200(退刀)

M05

M30

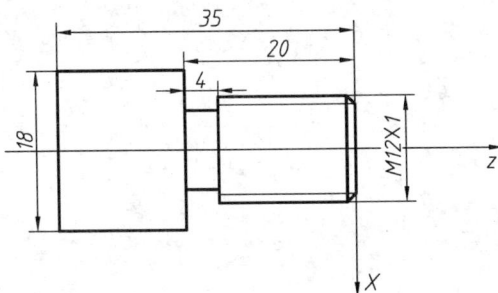

图 2-3-7 直螺纹

1. 螺纹刀安装有何要求?
2. 螺纹加工进刀方式有哪几种?
3. 编写图 2-3-8 所示零件的加工程序,螺纹螺距为 1.5。

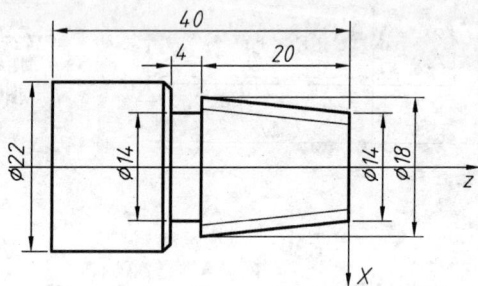

图 2-3-8　零件示意图

模块三　数控车床成型面类零件加工

课题一　数控车床圆弧面零件加工

① 掌握 G02,G03 指令。
② 掌握圆弧插补方向的判断方法。
③ 了解加工圆弧面车刀种类及选用。
④ 学会制定圆弧面零件加工工艺。

圆弧插补 G02/G03 的指令介绍如下：

指令格式:G02/G03　X(U)__ Z(W)__ R__ F__;

或　　　　　G02/G03　X(U)__ Z(W)__ I__ K__ F__;

其中：　X,Z 表示圆弧终点坐标；

I,K 表示表示圆弧圆心相对于圆弧起点的增量坐标；

F 表示圆弧插补进给速度。

指令功能:G02 指令运动轨迹为从起点到终点顺时针加工圆弧;G03 指令运动轨迹为从起点到终点逆时针加工圆弧。对于前置刀架的数控车床,看零件图上半部分的圆弧走向来选择 G02 或 G03 指令,如图 3-1-1 所示。

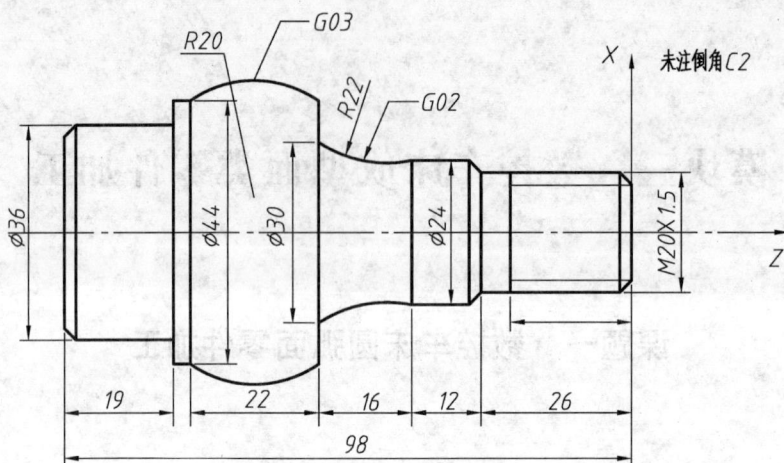

图 3-1-1　零件示意图

注意事项:

① 当 I = 0 或 K = 0 时,可以省略;但指令地址 I,K 或 R 必须至少输入一个,否则系统产生报警。

② I,K 和 R 同时输入时,R 有效;I,K 无效。

③ R 值必须等于或大于起点到终点一半,如果终点不在用 R 指令定义的圆弧上,则系统会产生报警。

示例:图 3-1-1 的右端外圆精加工程序如下。

O6666

T0101

G00 X20 Z2

M03 S800

G00 X16

G01 Z0 F100

X20 Z - 2

Z - 26

X24 Z - 28

Z - 38

G02 X30 Z - 54 R22

G01 X44 Z - 54

G03 X44 Z - 76 R20

```
G00  X50
Z200
M05
M30
```

思考与练习

1. 如何判别圆弧加工方向？
2. 加工圆弧面时常采用哪些车刀？有何要求？
3. 编写如图 3-1-2 所示的零件程序。

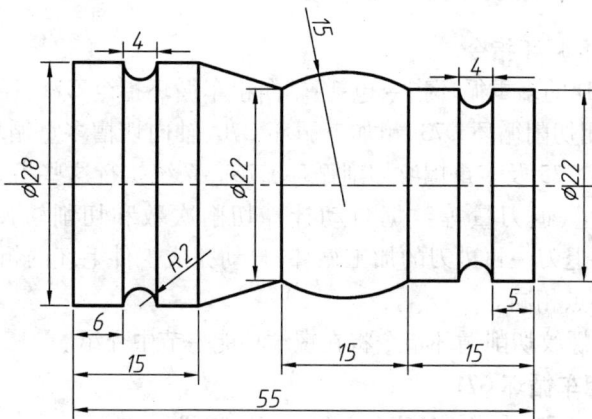

图 3-1-2　零件示意图

课题二　数控车床综合零件加工

> 📌 **学习目标**
>
> ① 掌握 G70,G71,G72,G73 指令。
> ② 熟悉 G71,G72,G73 使用范围。
> ③ 选择加工各种表面的刀具。
> ④ 了解数控加工刀具卡、数控加工工序卡等工艺文件。

一、多重循环指令

GSK980TD 的多重循环指令包括:轴向粗车循环指令 G71、径向粗车循环指令 G72、封闭切削循环 G73、粗加工循环 G70、轴向切槽多重循环 G74、径向切槽多重循环 G75 及多重螺纹切削循环 G76。系统执行这些指令时,根据编程轨迹、进刀量、退刀量等数据自动计算切削次数和切削轨迹,进行多次进刀→切削→退刀→再进刀的加工循环,自动完成工件毛坯的粗、精加工,指令的起点和终点相同。

G76 多重螺纹切削循环指令将在螺纹功能一节中介绍。

1. 轴向粗车循环 G71

指令格式: G71　U(Δd) R(e) F__ S__ T__;　　　　　①
　　　　　　G71　P(nf)　Q(ns)　U(Δu)　W(Δw)　　②
　　　　　　N(ns)………
　　　　　　………………
　　　　　　………………　　　　　　　　　　　　　　　③
　　　　　　……………… F
　　　　　　N(nf)………

指令意义:

G71 指令分为三个部分:① 给定粗车时的切削量、退刀量和切削速度、主轴转速、刀具功能的程序段;② 给定定义精车轨迹的程序段区间、精车余量的程序段;③ 定义精车轨迹的若干连续的程序段。执行 G71 时,这些程序段仅用于计算粗车的轨迹,实际并未被执行。

系统根据精车、精车余量、进刀量、退刀量等数据自动计算粗加工路线,沿与 Z 轴平行的方向切削,通过多次进刀→切削→退刀的切削循环完成工件的粗加工。G71 的起点和终点相同。指令适用于非成型毛坯(棒料)的成型粗车。

相关定义如下:

精车轨迹:由指令的第三部分(ns ~ nf 程序段)给出的工件精加工轨迹,精加工轨迹的起点(即 ns 程序段的起点)与 G71 的起点、终点相同,简称 A 点;精加工轨迹的第一段(ns 程序段)只能是 X 轴的快速移动或切削进给,ns 程序段的终点简称 B 点;精加工轨迹的终点(nf 程序段的终点)简称 C 点。精车轨迹为 A 点→B 点→C 点。

粗车轮廓:精车轨迹按精车余量(Δu,Δw)偏移后的轨迹,是执行 G71 形成的轨迹轮廓。精加工轨迹的 A,B,C 点经过偏移后对应粗车轮廓的 A',B',C' 点,G71 指令最终的连续切削轨迹为 B' 点→ C' 点。

Δd:粗车时 X 轴的切削量,取值范围 0.001 ~ 99.999(单位:mm,半径值),无符号,进刀方向由 ns 程序段的移动方向决定。

e:粗车时 X 轴的退刀量,取值范围 0.001 ~ 99.999(单位:mm,半径值),无符号,退刀方向与进刀方向相反。

ns:精车轨迹的第一个程序段的程序段号。

nf:精车轨迹的最后一个程序段的程序段号。

Δu:X 轴的精加工余量,取值范围 – 99.999 ~ 99.999(单位:mm,直径),有符号,粗车轮廓相对于精车轨迹的 X 轴坐标偏移,即 A' 点与 A 点 Z 轴绝对坐标的差值。U(Δu)未输入时,系统按 $\Delta w = 0$ 处理,即粗车循环 Z 轴不留精加工余量。

Δw:Z 轴的精加工余量,取值范围 – 99.999 ~ 99.999(单位:mm),有符号,粗车轮廓相对于精车轨迹的 Z 轴坐标偏移,即 A' 点与 A 点 Z 轴绝对坐标的差值。W(Δw)未输入时,系统按 $\Delta w = 0$ 处理,即粗车循环 Z 轴不留精加工余量。

F:切削进给速度;

S:主轴转速;

T:刀具号、刀具偏置号。

M,S,T,F:可放在 G71 指令第一行也可放在 G71 指令第二行中,其执行过程如图 3-2-1 所示。

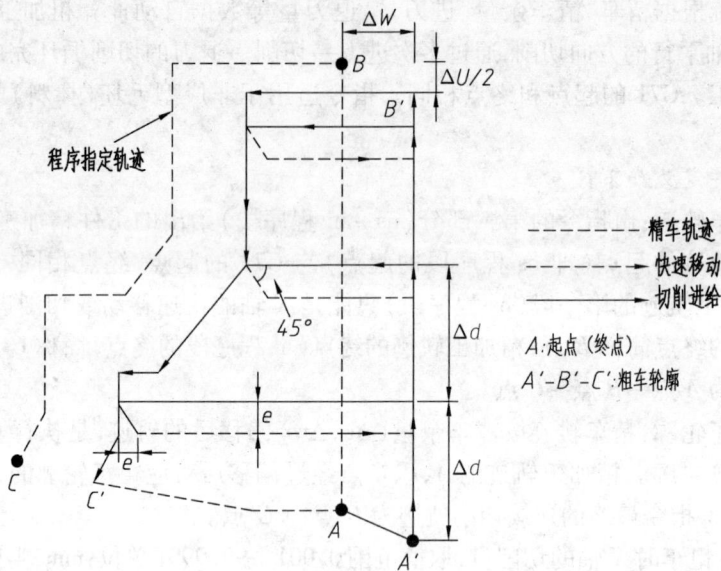

图 3-2-1　轨迹图

① 从起点 A 点快速移动到 A' 点，X 轴移动 Δu，Z 轴移动 Δw。

② 从 A' 点 X 轴移动 Δd（进刀），ns 程序段是 G0 时按快速移动速度进刀，ns 程序段是 G01 时按 G71 的切削进给速度 F 进刀，进刀方向与 A 点→B 点的方向一致。

③ Z 轴切削进给到精车轮廓，进给方向与 B 点→C 点 Z 轴坐标变化一致。

④ X 轴、Z 轴按切削进给速度退刀 e（45°直线），退刀方向与各轴进刀方向相反。

⑤ Z 轴快速移动退回到与 A' 点 Z 轴绝对坐标相同的位置。

⑥ 如果 X 轴再次进刀（$\Delta d + e$）后，移动的终点仍在 A' 点→B' 点的连线中间（未达到或超出 B' 点），X 轴再次进刀（$\Delta d + e$），然后执行步骤③；如果 X 轴再次进刀（$\Delta d + e$）后，移动终点到达 B' 点或超出了 A' 点→B' 点的连线，X 轴进刀至 B' 点，然后执行步骤⑦。

⑦ 沿精车轮廓从 B' 点切削进给至 C' 点。

⑧ 从 C' 点快速移动到 A 点，G71 循环执行结束，程序跳转到 nf 程序段的下一个程序段执行。

指令说明：

① ns ~ nf 程序段必须紧跟在 G71 程序段后编写,如果其在 G71 程序段前编写,系统自动搜索到 ns ~ nf 程序段并执行,执行完成后按顺序执行 nf 程序段的下一程序,就会重复执行 ns ~ nf 程序段。

② 执行 G71 时,ns ~ nf 程序段仅用于计算精车轮廓,程序段并未被执行。ns ~ nf 程序段中的 F,S,T 指令在执行 G71 循环时无效,此时 G71 程序段的 F,S,T 指令有效;执行 G70 精加工循环时,ns ~ nf 程序段中的 F,S,T 指令有效。

③ ns 程序段只能是不含 Z(W)指令字的 G00、G01 指令,否则报警。

④ 精车轨迹(ns ~ nf 程序段),X 轴、Z 轴的尺寸都必须是单调变化(一直增大或一直减小)。

⑤ ns ~ nf 程序段中,只能有 G 功能,如 G00,G01,G02,G03,G04,G96,G97,G98,G99,G40,G41,G42 指令,不能有子程序调用指令(如 M98/M99)。

⑥ G96,G97,G98,G99,G40,G41,G42 指令在执行 G71 循环中无效,执行 G70 精加工循环时有效。

⑦ 在 G71 指令执行过程中,可以停止自动运行并手动移动,但若再执行 G71 循环时,必须返回到手动移动前的位置。如果不返回就继续执行,但后面的运行轨迹将错位。

⑧ 执行进给保持、单程序段的操作,在运行完当前轨迹的终点后程序暂停。

⑨ Δd,Δu 都用同一地址 U 指定,可根据该程序段有无指定 P,Q 指令进行区分。

⑩ 在录入方式中不能执行 G71 指令,否则产生报警。

⑪ 在同一程序中需要多次使用复合循环指令时,ns ~ nf 不允许有相同程序段号。

留精车余量时坐标偏移方向 Δu,Δw 反映了精车时坐标偏移和切入方向,按 Δu,Δw 的符号有四种不同组合,如图 3-2-2 所示,图中 $B \rightarrow B'$ 为精车轨迹,$B' \rightarrow C'$ 为精车轮廓,A 为起刀点。

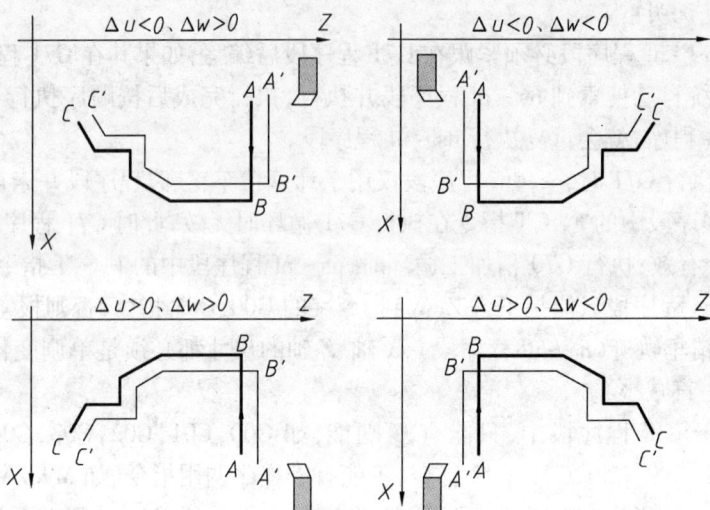

图 3-2-2　示意图

示例：编写图 3-2-3 所示零件的加工程序。

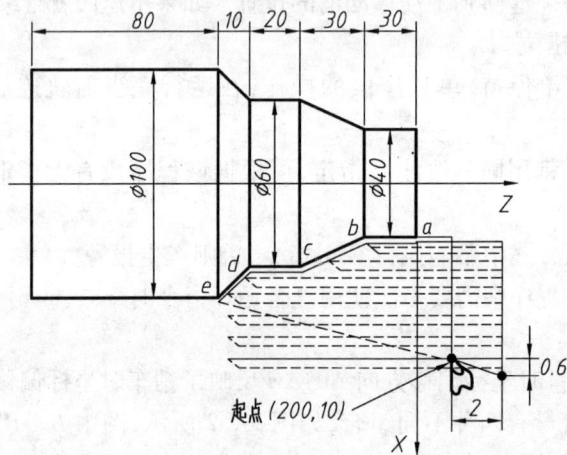

图 3-2-3　零件示意图

程序：

O8888

T0101

G00 X200 Z10（刀具定位）

M03 S800（主轴以 800 r/min 正转）

G71 U2 R1(半径方向每次切深 2 mm,退刀 1 mm)

G71 P1 Q 2 U0.5 W0.2 F100(粗加工,X 直径方向余量 0.5 mm,Z 方向
0.2 mm)

N1 G00 X40

G01 Z - 30 F10

X60 W - 30　(精加工程序段)

W - 20

N2 X100 W - 10

G70 P1 Q2(精加工)

G00 X200 Z200

M05

M30

2. 精加工循环 G70

指令格式:G70　P(ns)　Q(nf);

指令功能:刀具从起点位置沿着 ns~nf 程序段给出的工件精加工轨迹进行精加工。在 G71,G72 或 G73 进行粗加工后,用 G70 指令进行精车,单次完成精加工余量的切削。G70 循环结束时,刀具返回到起点并执行 G70 程序段后的下一个程序段。G70 指令轨迹由 ns~nf 之间程序段的编程轨迹决定。

指令说明:

① G70 必须在 ns~nf 程序段后编写,如果在 ns~nf 程序段前编写,系统自动搜索到 ns~nf 程序段并执行,执行完成后按顺序执行 nf 程序段的后续程序,因此会引起重复执行 ns~nf 程序段。

② 执行 G70 精加工循环时,ns~nf 程序段中的 F,S,T 指令有效。

③ G96,G97,G98,G99,G40,G41,G42 指令在执行 G70 精加工循环时有效。

④ 在 G70 指令执行过程中,可以停止自动运行并手动移动,但要再次执行 G70 循环时,必须返回到手动移动前的位置。如果不返回就继续执行,但后面的运行轨迹将错位。

⑤ 执行进给保持、单程序段的操作,在运行完当前轨迹的终点后程序暂停。

⑥ 在录入方式中不能执行 G70 指令,否则产生报警。

⑦ 在同一程序中需要多次使用复合循环指令时,ns~nf 不允许有相同程序段号。

3. 端面粗加工循环 G72

G72 与 G71 均为粗加工循环指令,G72 是沿着平行于 X 轴进行切削循环加工的。

指令格式:G72　W(Δd) R(e) F__ S__ T__;

　　　　　G72　P(nf)　Q(ns)　U(Δu)　　W(Δw);

其中参数含义与 G71 相同。G72 走刀路线如图 3-2-4 所示。

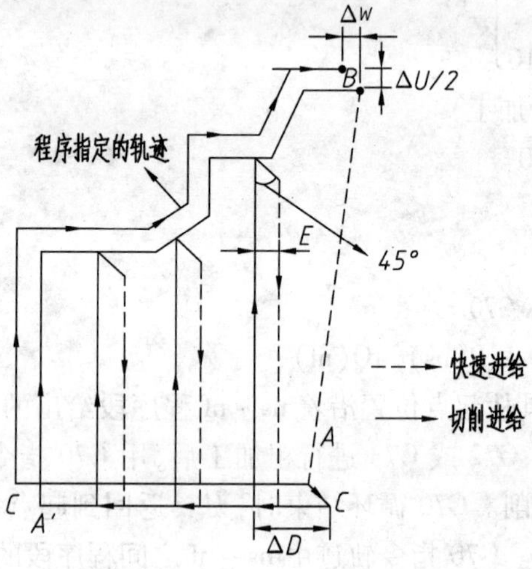

图 3-2-4　走刀路线图

示例:编写图 3-2-5 的加工程序。

程序:

O2222

T0101

G00 X176 Z10

M03 S800

G72 W2 R1

G72 P1 Q2 U0.5 W0.2 F100

N1 G00 Z－55

G01 X160

X80 W20

W15

N2 X40 W20

G00 X220 Z50

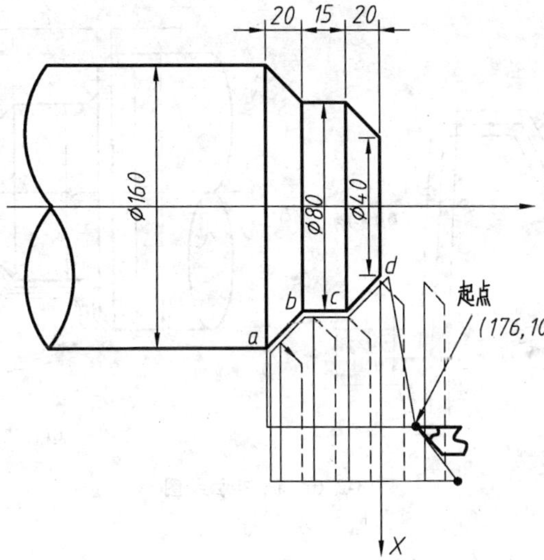

图 3-2-5　加工零件图

T0202

G70 P1 Q2

G00 X220 Z50

M05

M30

4．封闭切削循环 (G73)

所谓封闭切削循环就是按照一定的切削形状逐渐地接近最终形状。这种方式对于铸造或锻造毛坯的切削是一种效率很高的方法。

指令格式：G73　　U(i) W(k) R(d)　　F__ S__ T__；

　　　　　　　G72　　P(nf)　Q(ns)　U(Δu)　　W(Δw)；

其中，i 表示 X 轴上总退刀量(半径值)；

　　k 表示 Z 轴上总退刀；

　　d 表示重复加工次数。

其余参数含义与 G71 相同。

示例：G73 循环方式如图 3-2-6 所示，编写其加工程序。

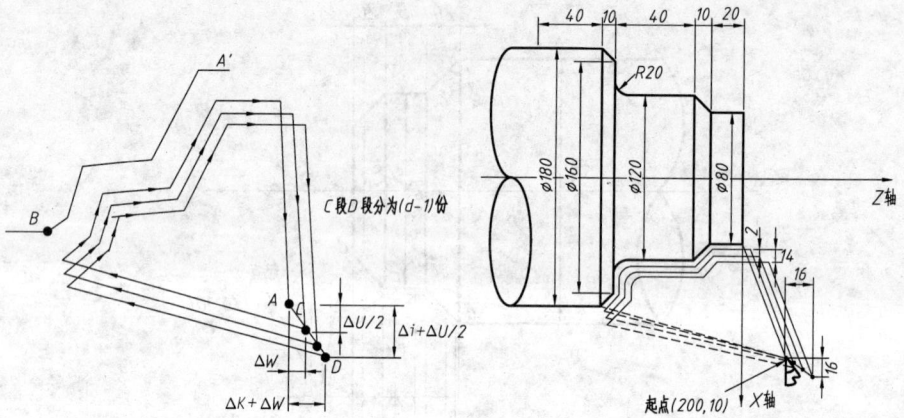

图 3-2-6 循环方式图

程序：

O3333

T0101

G00 X200 Z10

M03 S800

G73 U14 W14 R3

G99 G73 P1 Q2 U0.5 W0.3 F0.2

N1 G00 X80 W－10

G01 W－20 F0.15

X120 W－1

W－20

G02 X160 W－20 R20

N2 X180 W－10

G70 P1 Q2

G00 X200 Z100

M05

M30

二、综合实例

材料 45#钢,尺寸 φ30×65,编写如图 3-2-7 所示零件的加工程序。

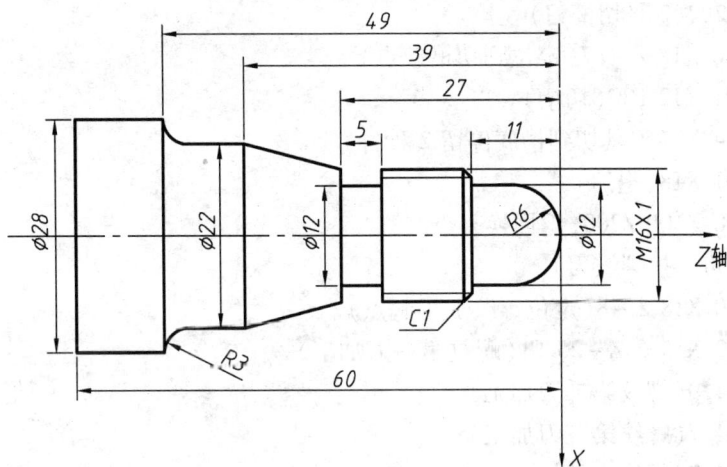

图 3-2-7 零件示意图

程序：

O1111

T0101   (1 号外圆刀)

G00 X32 Z2   (定位到加工起点)

M03 S1000   (主轴以 1000 r/min 正转)

G71 U2 R1   (半径方向每刀进 2 mm，退刀 1 mm)

G71 P1 Q2 U0.5 W0.2(粗加工，X 直径方向余量 0.5 mm，Z 方向 0.2 mm)

N1 G00 X0

G01 Z0 F100

G03 X12 Z−6 R6

G01 Z−11

X14

X16 Z−12

Z−22

X22 Z−39

Z−46

G02 X28 Z−49 R3

N2 G01 X32

G70 P1 Q2(精加工)

G00 X100 Z200(刀具回到换刀点)

T0202(2号切槽刀)

G00 X18 Z–27(定位到切槽起点)

G01 X12 F30(切槽)

G04 X2(刀具切到槽底停留2秒钟)

G01 X18(退刀)

G00 X100 Z200(返回换刀点)

T0303(换螺纹刀)

G00 X18 Z–8(定位螺纹加工起点)

G92 X15.3 Z–25 F1(螺纹第一刀加工)

X14.9(螺纹第二刀加工)

X14.7(螺纹第三刀加工)

X14.7(螺纹光整加工)

G00 X100 Z200(返回换刀点)

M05(主轴停止转动)

M30(程序结束)

? 思考与练习

1. 编写图 3-2-8 至图 3-2-16 所示零件加工程序。

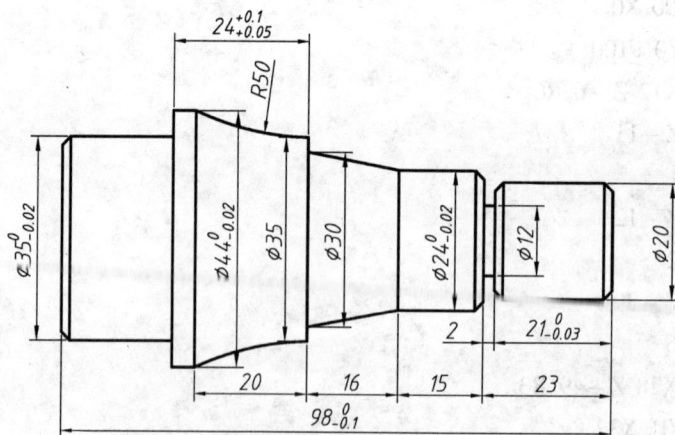

图 3-2-8

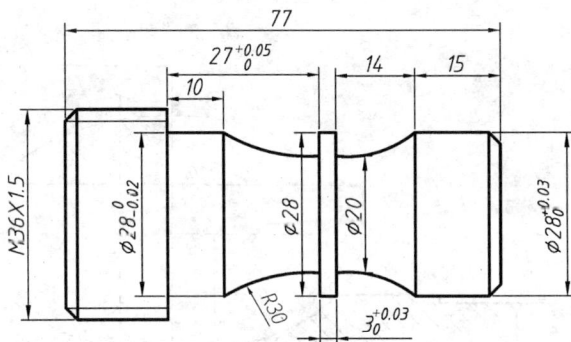

图 3-2-9

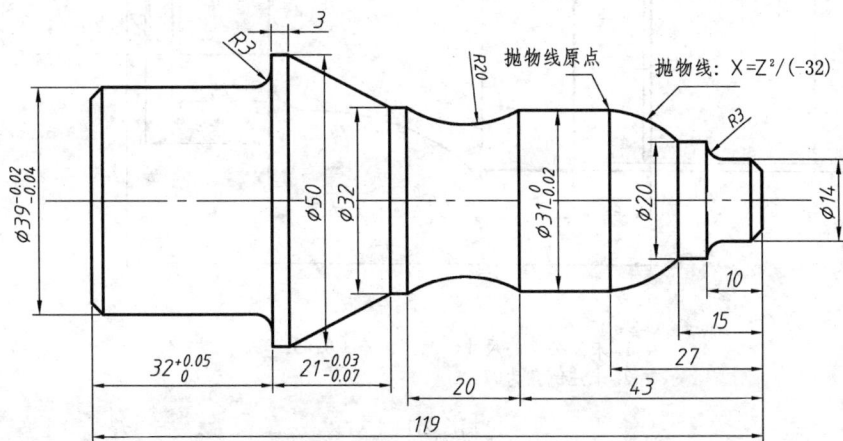

技术要求:
  1.未注公差的尺寸,允许误差±0.05;
  2.未注倒角为C2。

图 3-2-10

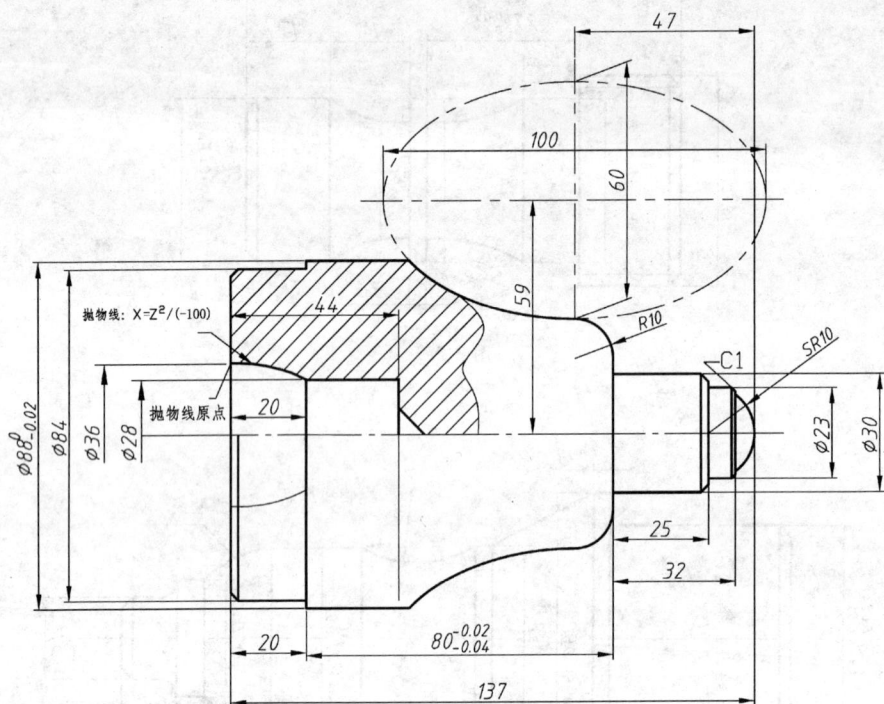

抛物线：X=Z²/(-100)

抛物线原点

44

20

Ø88₀⁻⁰·⁰²

Ø84

Ø36

Ø28

59

100

60

47

R10

C1

SR10

Ø23

Ø30

25

32

20

80⁻⁰·⁰²⁻⁰·⁰⁴

137

技术要求：
1. 未注公差的尺寸，允许误差 ± 0.05；
2. 未注倒角为C2。

图 3-2-11

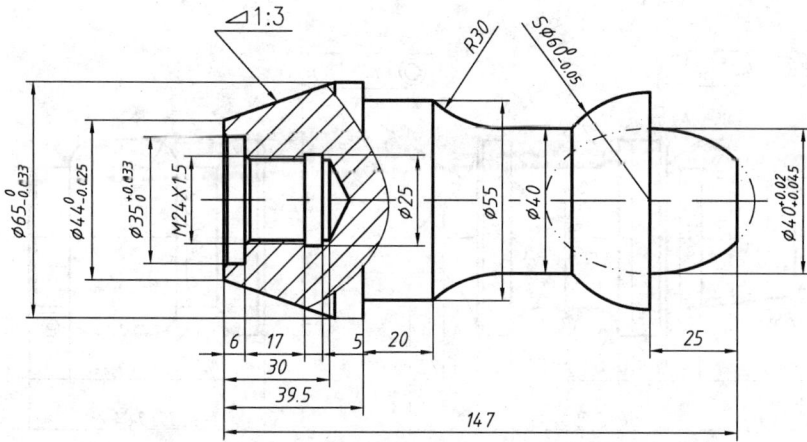

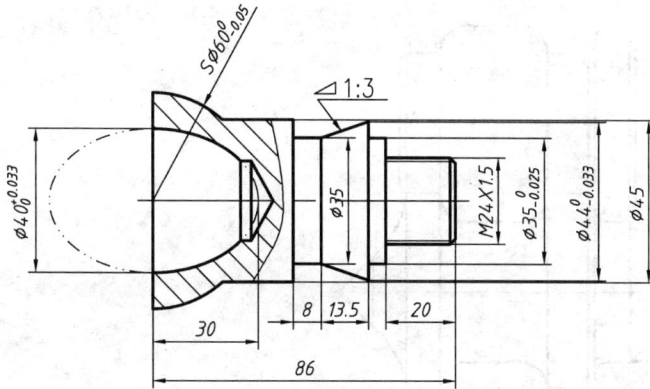

图 3-2-12

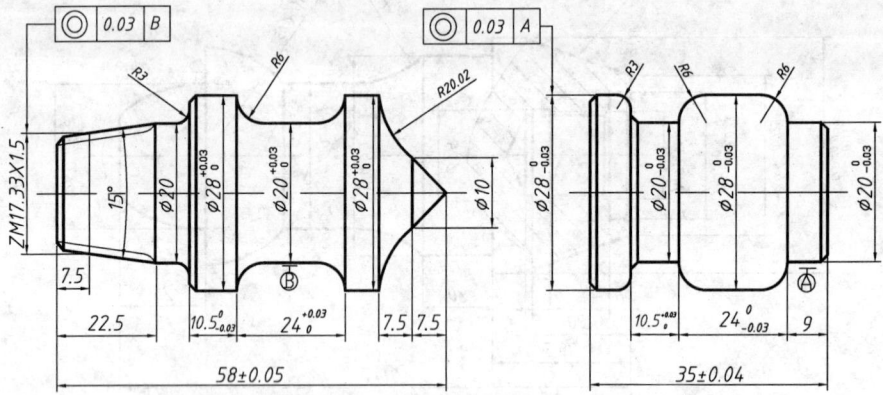

图 3-2-13

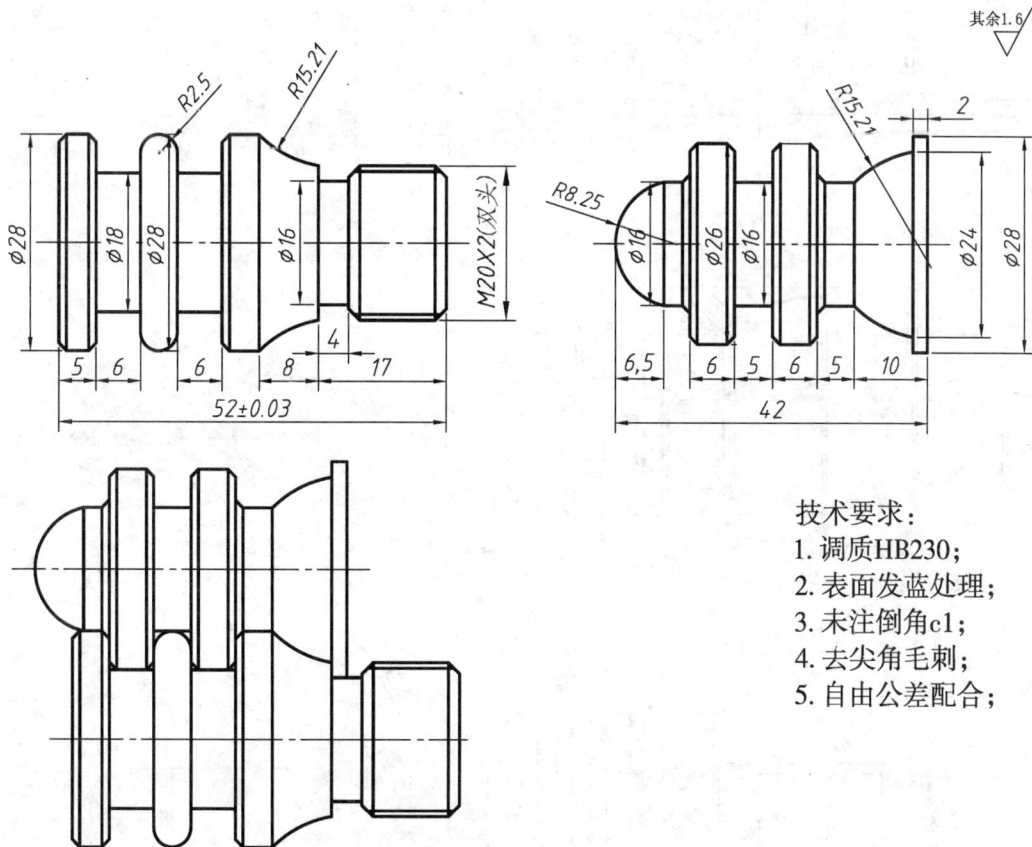

其余1.6

技术要求：
1. 调质HB230；
2. 表面发蓝处理；
3. 未注倒角c1；
4. 去尖角毛刺；
5. 自由公差配合；

图 3-2-14

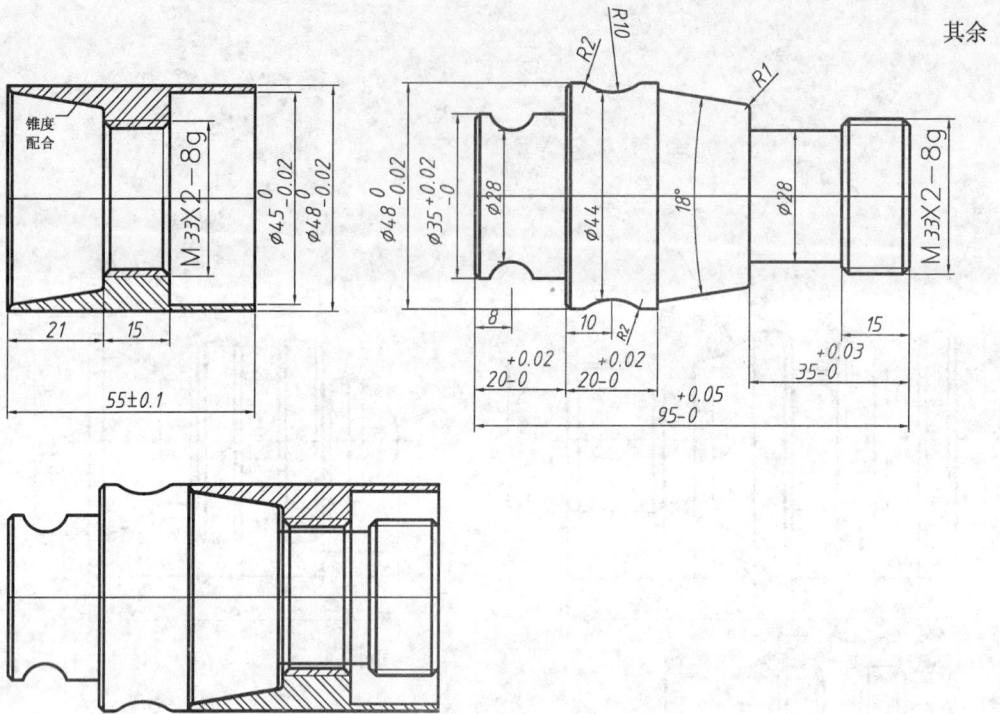

其余

图 3-2-15

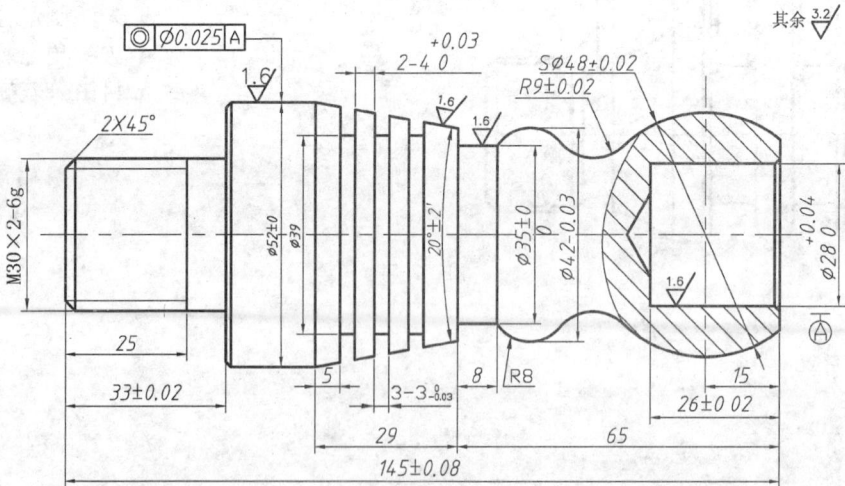

其余 3.2

图 3-2-16

模块四　GSK21M 数控铣床基本操作

课题一　数控铣床基本知识

学习目标

① 了解 GSK21M 数控铣床主要功能。

② 了解 GSK21M 数控铣床组成。

③ 掌握 GSK21M 数控铣床基本操作。

一、数控铣床主要功能

数控铣床是一种加工功能很强大的数控机床,分为立式、卧式和立卧两用式数控铣床。GSK21M 数控铣床是一种立式铣床,具备以下主要功能:

① 点位控制功能。利用这一功能,数控铣床可以进行只需作点位控制的钻孔、扩孔、铰孔和镗孔等加工。

② 连续轮廓面加工功能。数控铣床通过直线与圆弧插补,可以实现对刀具运动轨迹的连续轮廓控制,加工出由直线和圆弧两种几何要素构成的平面轮廓工件。对于非圆曲线构成的平面轮廓,可利用自动编程软件生成加工程序,将程序传输到数控机床进行加工。

二、数控铣床组成与操作

1. 数控铣床参数及组成

GSK21M 数控系统可以组成数控铣床及加工中心,图 4-1-1 为采用该系统的 XK713 数控铣床。

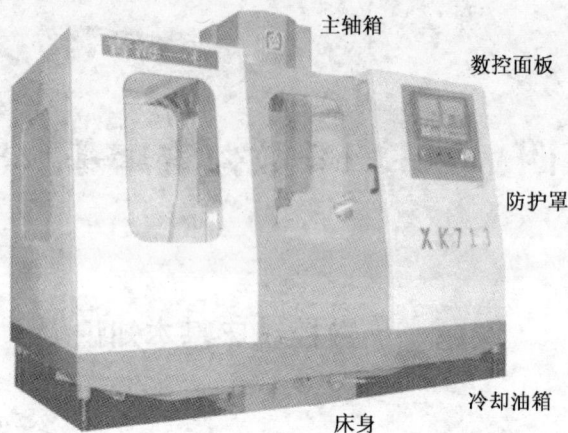

主轴箱

数控面板

防护罩

XK713

冷却油箱

床身

图 4-1-1　XK713 数控铣床

该机床主要参数如表 4-1-1 所示。

表 4-1-1　XK713 机床主要参数

参数名称	单　位	参　数
工作台面积	mm^2	1 000 × 320
T 型槽（槽数/槽宽/间距）	mm	3/14/80
X 轴行程	mm	600
Y 轴行程	mm	320
Z 轴行程	mm	450
主轴端面至工作台台面距离	mm	100~550
工作台最大载重	kg	300
主轴锥孔		ISO 7：24 锥度 No.40
主轴轴径/扭矩	mm/Nm	60/108
主轴电机功率	kW	3.3
主轴转速	r/min	30~4 000 或 6 000（无级）
快速移动转速（X,Y,Z 轴）	r/min	8 000
切削进给速度	mm/min	10~4 000
伺服电机输出扭矩	N·m	6

参数名称	单 位	参 数
齿轮润滑电机功率	kW	0.04
刀具最大直径/长度/重量	mm/mm/kg	110/400/18
电源容量	kV·A	15
机床外观尺寸	mm	2 200×1 700×2 000
机床重量(净重/毛重)	kg	3 000/4 000
定位精度	mm	0.02
重复定位精度	mm	0.016

数控铣床由数控系统和机械部分组成,其中机械部分包括机床床身、立柱、主轴箱、工作台、冷却及润滑系统等。

2．数控铣床开关机步骤

(1)开机顺序

① 检查机床外观及机、电、油、水、气等系统,确认 CNC 与机床是否处于正常状态;

② 按照机床厂家说明书要求的顺序接通主电源;

③ 按下操作面板上的电源开按钮,启动系统电源,在 LCD 上位置画面显示或报警画面显示以前,请不要按 LCD/录入面板上的键;

④ 系统上电后进入自动引导界面且进行面板按键自检,此时操作面板上的按键提示灯会顺序地依次点亮,屏幕显示约 15 秒进入正常画面,确认 LCD 画面上显示的内容。

(2)关机顺序

① 确认操作面板上的循环启动指示灯是否熄灭;

② 确认机械的可动部分是否全部停止;

③ 按操作面板的电源关开关,关闭系统的电源;

④ 切断机床侧的强电开关;

⑤ 清理机床及数控系统的操作面板等。

三、 GSK21M 操作界面

1．系统显示界面

GSK21M 数控系统将操作面板及液晶显示屏融为一体,便于用户使用。

屏幕右侧从上至下分布着9个软键盘,操作方便快捷。系统主界面以红、绿、黑色为主色调,使操作者长时间操作不易产生视觉疲劳。其中,系统进入时初始化界面如图4-1-2所示。

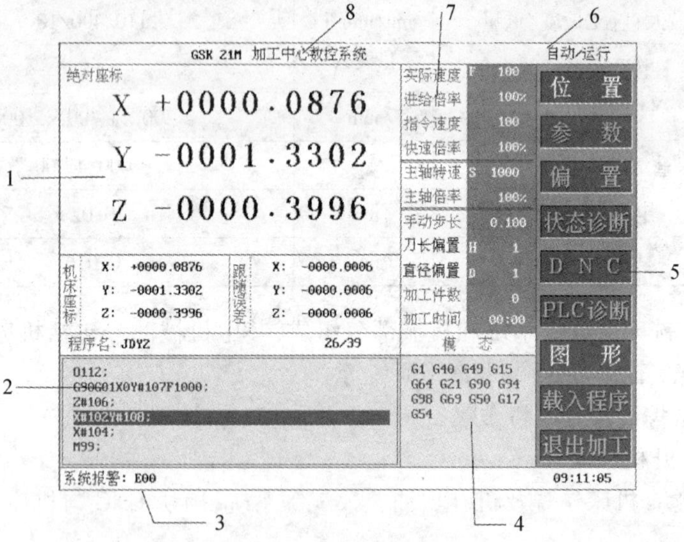

图4-1-2 初始化界面

系统界面共分为8个区,分别用不同的颜色划分,各区内容会随方式的不同而略有变化。

① 坐标显示区:用于显示机床的当前坐标位置,可以显示绝对坐标、相对坐标、机床坐标以及跟随误差。

② 程序显示区:显示自动方式或手动录入方式时的程序,如果程序正处于加工状态,光标处于程序正在加工的行。

③ 状态提示区:用于显示报警信息、时间及其他状态提示信息。

④ 模态显示区:显示系统当前状态所使用的模态指令。

⑤ 软键盘操作区:利用屏幕右侧的软键盘切换功能菜单。

⑥ 操作方式提示区:显示机床工作的方式及运行状态。

⑦ 系统加工参数区:显示主轴转速、进给倍率、加工件数等信息。

⑧ 主标题栏:显示系统名称。

2.操作面板

操作面板是操作人员控制机床运行的主要界面(见图4-1-3)。

图 4-1-3 操作面板总体布局

该区上半部主要功能是切换系统的工作方式,通过按编辑、自动、录入、手动、手轮及数据键进入相应的工作方式,屏幕显示也会随之变化,键左下角的绿灯也会随之点亮,用于提示操作者。

(1)方式切换及辅助功能

方式切换及辅助功能如图 4-1-4 所示。

图 4-1-4 方式切换及辅助功能

① 单段:按下此键后,绿灯亮表示进入单段模式,此时若处于自动或录入方式,按循环启动按钮则程序只运行一段。单段取消则程序将连续运行。

② 跳段:按下此键后,绿灯亮表示进入跳段模式,则在自动运行状态运行程序,遇程序行首有"/"标志时将跳过该行运行其后程序。跳段取消则不跳过。

③ 机床锁:按下此键后,绿灯亮表示进入机床锁模式,此时机床各轴将不会发生移动,只是坐标变化,通常用于程序的试运行。

④ 辅助锁:按下此键后,绿灯亮表示进入辅助锁模式,此时机床的辅助功能(如主轴转动、润滑、冷却)将不执行。

⑤ 空运行:按下此键后,绿灯亮表示进入空运行模式,此时运行程序的进给速度将被忽略,按系统参数设定的固定高速速度运行,通常用于程序的试运行。

⑥ 选择停止:按下此键后,绿灯亮表示进入选择停止模式,当程序指令执行到 M01 时自动处于暂停状态。

⑦ 机械零点:在手动方式下按机械回零键则进入机床回零操作,根据屏幕提示按相应轴即可自动回零。

（2）机床的调试及运行

① 图 4-1-5 为系统快速进给（G0）的倍率开关,调节范围为 0,25%,50%,100% 四挡;从 0 到 25% 之间任一挡位系统处理为 0 速度,从 25% 到 50% 之间任一挡位系统处理为 25%,从 50% 到 100% 之间系统处理为 50%,当处于100% 时系统以最大速度定位。

图 4-1-5 快速进给的倍率开关

② 自动方式及手动方式下进给倍率调节开关,调节范围为 0 ~ 150%,如图 4-1-6 所示。

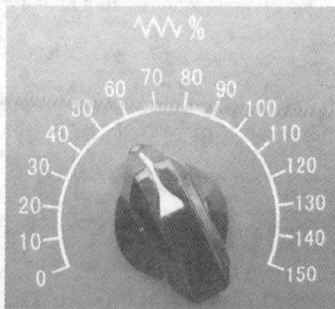

图 4-1-6 自动及手方式的倍率调节开关

③ 主轴控制及辅助控制,如图 4-1-7 所示。

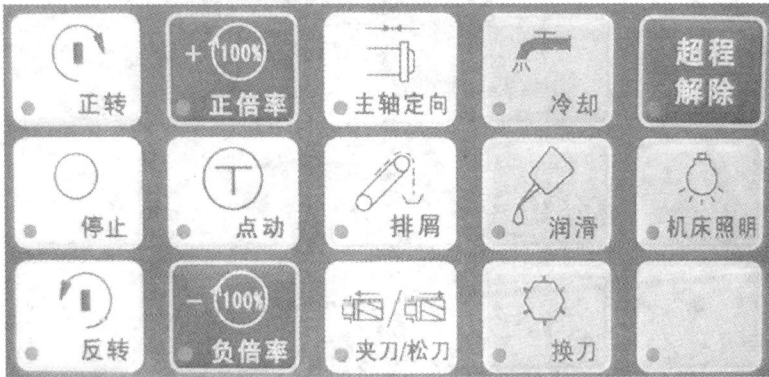

图 4-1-7　主轴控制及辅助控制

④ 手轮及点动时的轴选和移动量控制,如图 4-1-8 所示。

图 4-1-8　手轮及点动时的轴选和移动量控制

3. 编辑键盘

屏幕右侧分布的键盘主要用于程序的编辑及录入,如图 4-1-9 所示。

① 字母、数字、符号用于程序的录入或编辑。

② Shift 为上档键,可输入字母或数字左上角对应的符号; Ctrl 、 Alt 键
用于特殊的操作。

③ ↑ 、 ↓ 、 ← 、 → 方向键可在程序录入时移动光标,在参数或
偏置中用于数据的定位。

图 4-1-9 编辑键盘

④ Tab⇄ 可切换弹出的对话框中按键的选择位置; Back Spacre 、 Del 可删除字符; ▤ 、 ▤ 用于页面浏览时的翻页; Ins 用于在编辑程序时插入字符; Home 、 End 定位程序行的行首及行尾; Esc 用于弹出式对话框的放弃。

⑤ Enter← 键在程序录入时作为程序每行结束的标志,在对话框中用于确认选择,在参数或偏置修改时用于进入修改状态。

编辑键盘的基本用法与 Windows 操作系统使用方法类似。

? 思考与练习

1. 数控铣床由哪些部件组成?与数控车床有哪些区别?
2. 练习 GSK21M 数控铣床开机关机。
3. 熟悉 GSK21M 数控铣床操作面板。

课题二　数控铣床基本操作

一、机械零点

数控铣床的机械零点为 X,Y,Z 三坐标正向最大位置,与机床参考点一致。数控铣床在手动方式下可进行回零点操作。方法是:开启 [手动] 方式(灯亮),点击 [机械零点] (灯亮),按下 [+X] 。屏幕显示如下:

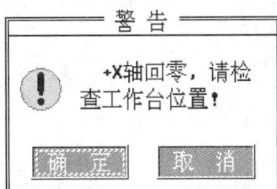

```
┌─────── 警 告 ───────┐
│                      │
│  ⚠   +X轴回零,请检   │
│      查工作台位置!    │
│                      │
│  [ 确 定 ]  [ 取 消 ] │
└──────────────────────┘
```

按 [确 定] , X 开始回零,直到屏幕显示 X 值为 0.000 为止。

按同样方式,使 Y,Z 回零。

二、数控铣床手动操作与 MDI 运行

当按下操作面板的 [手动] 键后,该键指示灯亮,同时系统显示切换到手动方式界面(见图 4-2-1),进入手动操作方式。

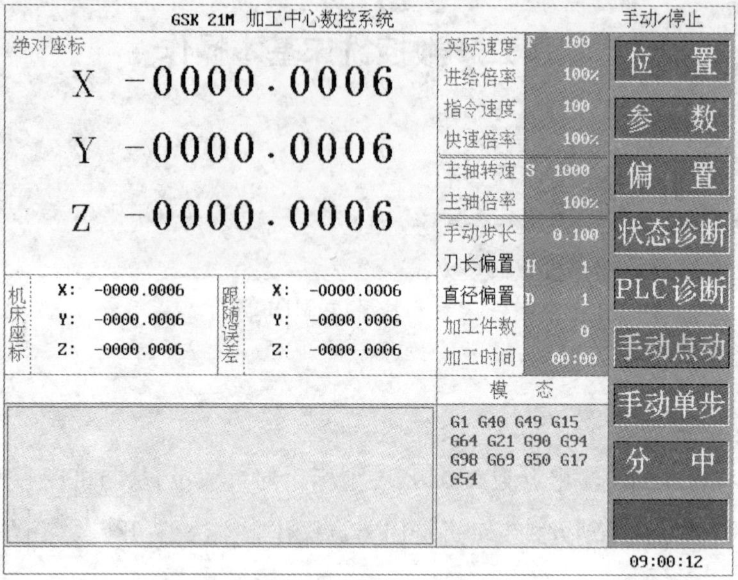

图 4-2-1　手动操作方式屏幕显示

手动操作包括以下几种方式：

① 手动单步；

② 手动点动；

③ 手轮进给；

④ 手动连续及手动快速进给；

⑤ 手动倍率调整；

⑥ 辅助功能；

⑦ 手动方式下零点的找正。

注意事项：

① 初学者在操作中应将倍率旋钮定在 10%，以较慢速度的手动操作方式进行调整。

② 在以后的各种方式中除录入方式外，其余各种方式的参数、偏置、状态诊断、PLC 诊断等都只可用于查看而不可编辑。

1. 手动单步

按下屏幕手动单步软键盘后，进入手动单步方式，按下机床操作面板上的进给轴及其方向，选择开关会使刀具沿着所选轴的所选方向移动一步，刀具移动一步的最小距离是 0.001 mm（不同的机床最小移动量不同，有些机床为 0.01 mm)，每一步的移动量可以是 0.001 mm，0.01 mm，0.1 mm 或 1.0 mm。操作者可以在手动方式下令各运动轴以固定的步长进行移动，以达到精确调整机床位置的目的。手动单步步骤如图 4-2-2 所示。

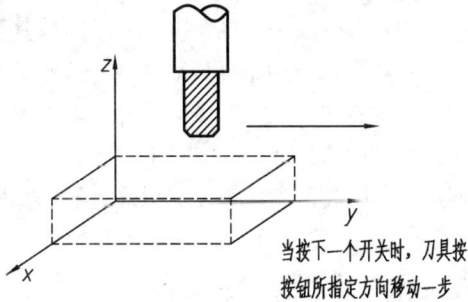

当按下一个开关时，刀具按
按钮所指定方向移动一步

图 4-2-2　手动单步

操作步骤如下：

① 在 [手动] 操作方式下，按下屏幕右侧的 **手动单步键**。

② 按操作面板上右下角的 [单步步长] 键调整单步每一步的移动量，每按一次，以 0.001 mm，0.01 mm，0.1 mm，1.0 mm 的顺序切换，同时在屏幕上的系统加工参数区的单步步长值将随之切换，请操作者注意。

③ 通过操作面板上的轴选开关，选择将要使刀具沿其移动的轴及其方向，每按一次按键，刀具移动一个最小距离。

2．手动点动

在 [手动] 方式下，系统默认为 **手动点动**进给方式，持续按下操作面板上的进给轴及其方向选择开关会使刀具沿着所选轴的所选方向连续移动。手动点动时的进给速度为参数 P54 指定的速度。手动点动步骤如图 4-2-3 所示。

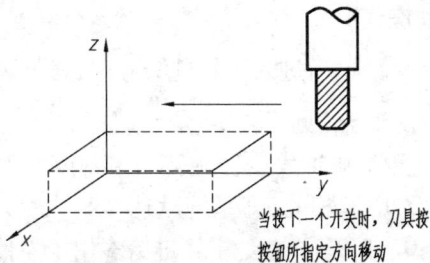

当按下一个开关时，刀具按
按钮所指定方向移动

图 4-2-3　手动点动

操作步骤如下:

① 在 [手动] 操作方式下,按下系统软键盘手动点动键,进入手动点动操作方式。

② 通过进给轴和方向选择开关,选择将要使刀具沿其移动的轴及其方向(见图4-2-4),按下该开关不放,这时刀具以 P34 参数号指定的加速度加减速,直至达到参数指定的速度,释放开关移动停止。例如,操作者意图使 Y 轴沿负方向移动,可在手动点动方式下,按住图4-1-8 中 –Y 不放,则系统将控制 Y 轴以系统默认的速度移动,直至操作者松开 –Y 键后,停止运动。

③ 手动点动进给速度可以通过面板上的手动点动倍率拨段开关进行调整。倍率为 0～150% ,共 16 挡,如图4-2-4 所示。

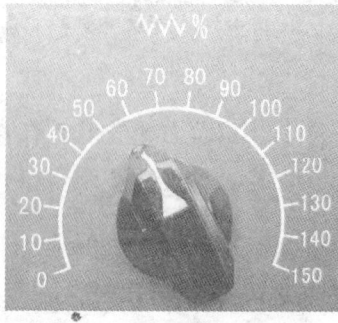

图4-2-4 手动点动倍率拨段开关

3. 快速移动操作

在 [手动] 进给时按 [快速] 键,表示进入手动快速移动方式,按下 +X +Y +Z +4 或 –X –Y –Z –4 则产生相应轴的正向或负向快速运动。

4. 手轮进给手动操作

按下操作面板的 [手轮] 键后进入手轮进给方式,刀具可以通过旋转机床操作面板上的手摇脉冲发生器(见图4-2-5)微量移动,使用手轮进给轴选择开关,选择要移动的轴。手摇脉冲发生器旋转一个刻度时刀具移动的最小距离与操作者所选择的输入增量相等,即系统默认"×1","×10","×100"分别对应移动量为 0.001,0.01,0.1 mm。手轮进给多用于零件加工时的调整。

(a) 手摇脉冲发生器 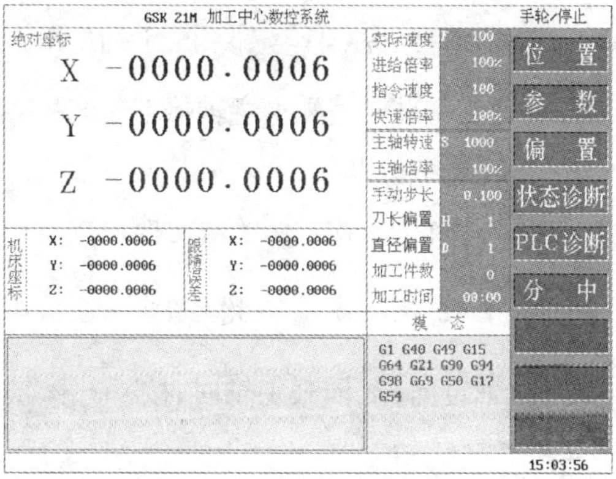　　　　　　　　(b) 操作界面

图 4-2-5　手轮操作

手轮方式操作步骤：

① 按下操作面板上的手轮方式键(见图 4-1-4)，选择手轮操作方式，键上的指示灯亮。

② 根据需要选择操作面板上的轴选键，使相应指示灯亮。选择操作面板的移动量键，相应键指示灯亮。轴选键对应图 4-1-8 中 +X +Y +Z +4，移动量键对应图 4-1-8 中 X1 X10 X100，如果选择 快速，则为快速进给。

③ 转动手摇脉冲发生器(见图 4-2-5a)，控制相应轴移动。顺时针摇为正方向，逆时针摇为负方向。

5. 主轴操作

① 正转：按 正转 键(见图 4-1-7)或执行 M03 功能后，本键指示灯亮，表示主轴处于正转状态。

② 停止：按 停止 键或执行 M05 功能后，本键指示灯亮，表示主轴处于停止状态。

③ 反转：按 反转 键或执行 M04 功能后，本键指示灯亮，表示主轴处于反转状态。除开机时默认的值外，主轴正、反转所对应的转速应为录入或自动运行当中修改并运行过的值。

④ 正倍率：每按一次 正倍率 键，主轴倍率增加 5%，最大主轴倍率为 150%。主轴实际转速为基准转速乘上主轴倍率。

⑤ 负倍率:每按一次 [⚫100%负倍率] 键,主轴倍率减少5%,最低主轴倍率为5%。主轴实际转速为基准转速乘上主轴倍率(倍率不能太低,一般保证在50%左右)。

6. 其他辅助功能

① 冷却:每按一次 [🔧冷却] 键,切换一次冷却水泵的启或停。

② 润滑:每按一次 [🔧润滑] 键,切换一次润滑泵的启或停。

③ 主轴定向:配伺服主轴时,按下 [主轴定向] 键,主轴自动完成定向动作。

④ 卡刀/松刀:每按一次 [夹刀/松刀] 键,切换一次主轴刀具的松/紧动作。

⑤ 超程解除:当出现超程报警时,按下 [超程解除] 键则指示灯亮,再移动相应轴到安全区域后,系统根据坐标自动解除超程报警,同时熄灭指示灯。

⑥ 机床照明:每按一次 [🔆机床照明] 键,切换一次机床照明灯的亮灭。

7. MDI 方式

MDI 方式通常也称为录入方式,为手动命令行录入方式,它主要用于设置当前工件坐标,确定工件坐标原点,检验单段程序的可执行性以及设定参数,设置偏置数据,配置操作面板,设置密码,编辑梯形图等。

按操作面板(见图 4-1-4)的 [录入] 键进入录入方式。

录入界面共有两个界面,主界面如图 4-2-6a 所示,按下软键盘下一页显示副界面,如图 4-2-6b 所示。同样按下软键盘上一页又可回到主界面。

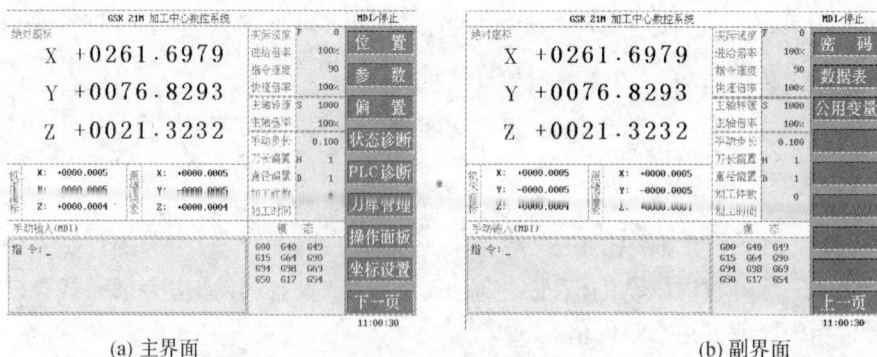

(a) 主界面　　　　　　　　　　　　(b) 副界面

图 4-2-6　MDI 界面

在 MDI 方式下,当录入输入窗口光标闪烁时,手动输入为激活状态,此时可手动输入操作命令。输入完毕后,按 Enter ⏎ 键确认输入命令。

在执行一条指令的同时,可输入下一条指令并按 Enter ⏎ 确认,但需当前指令执行完成后才能按 循环启动 执行下一条指令。此外也可以通过按进给保持按钮,结束录入输入指令的运行。

8. MDI 运行

在 MDI 方式下,当录入输入窗口光标闪烁时,输入 M03S500 按 Enter ⏎ 键确认输入命令,再按循环启动按钮,主轴启动正转;输入 M05 按 Enter ⏎ 键确认输入命令,再按循环启动按钮,主轴停止;输入 M04S500 按 Enter ⏎ 键确认输入命令,再按循环启动按钮,主轴启动反转。

9. 自动加工

自动加工根据加工程序的大小可分两种模式进行,也可以将加工程序全部输入机床的内存中实现自动加工。

在自动执行程序模式下,数控系统可以执行内存中的程序,但同一时间只能执行一个程序。操作步骤如下。

① 按 [自动] 进入自动方式,显示如图 4-2-7 所示的界面。

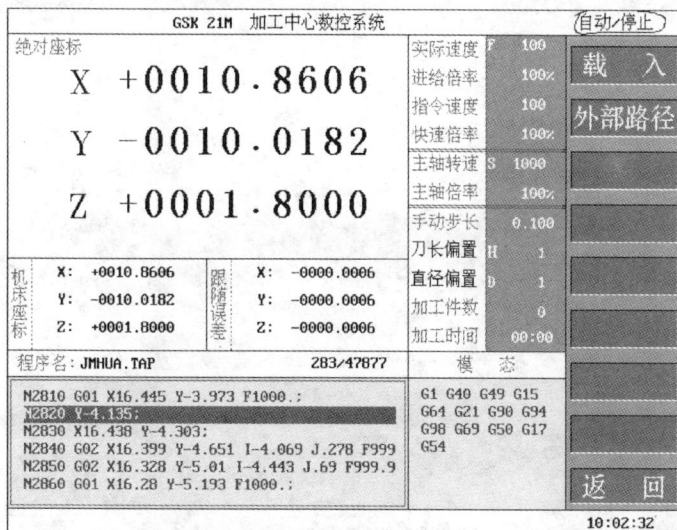

图 4-2-7　显示界面

② 按载　入、外部路径或载入程序调入已编制程序。

③ 经 、 启动自动运行验证无误后,自动运行程序。调整开关

 适应运行过程。

10. 程序的暂停与继续

① 暂停运行

在程序运行过程中需要暂停运行时,可按进给保持按钮。

② 暂停后的再启动

在自动运行暂停状态下,按下机床控制面板上的循环启动,系统将从暂停前的状态重新启动,继续运行。

> ### ❓ 思考与练习
>
> 1. 练习 GSK21M 数控铣床机械回零。
> 2. 练习 GSK21M 数控铣床手动操作方法。

课题三 数控铣床加工坐标系建立

🖐 **学习目标**

① 了解 GSK21M 数控铣床坐标系。
② 掌握 GSK21M 数控铣床对刀方法。

一、数控铣床坐标系

数控铣床采用右手笛卡儿坐标系,见图4-3-1。

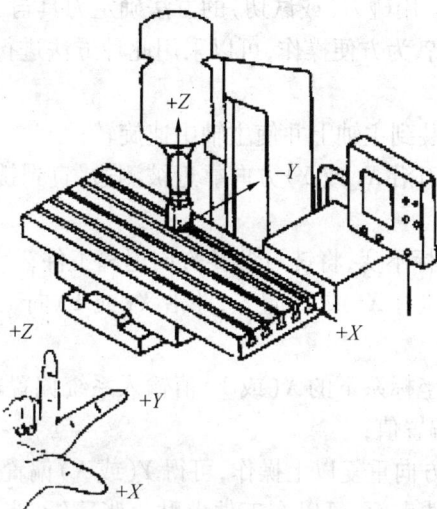

图 4-3-1 数控铣床坐标系

二、对刀方法

1. 对刀点与换刀点的确定

（1）对刀点的确定

对刀点是工件在机床上定位（或找正）装夹后用于确定工件坐标系在机床坐标系中位置的基准点。为确保加工的正确性,在编制程序时应合理设置对刀点。一般来说,铣床对刀点应选在工件坐标系的原点上,或至少与 X 或 Y

方向重合,这样有利于保证精度,减少误差。

(2) 换刀点的确定

在使用多种刀具加工的铣床或加工中心上,工件加工时需要经常更换刀具,在程序编制时应考虑设置换刀点。换刀点应根据换刀时刀具不碰到工件、夹具和机床的原则而定,一般换刀点往往有固定的点。

2. 对刀方法

对刀的准确程度将直接影响加工精度。对刀方法一定要同零件加工精度要求相适应。当零件加工精度要求较高时,可用杠杆百分表或千分表校正,使刀位点与对刀点一致。

常用的对刀方法有:

① 碰刀(或试切)方式对刀;

② 百分表(或千分表)对刀;

③ 寻边器对刀。用碰刀(或试切)的方法确定刀具与工件的相对位置,如果对刀要求精度不高,为方便操作,可以采用此种方法进行对刀。

其操作步骤为:

① 将所用铣刀装到主轴上并使主轴中速旋转;

② 手动移动铣刀沿 X(或 Y)方向靠近被测边,直到铣刀刃轻微接触到工件表面;

③ 保持 X,Y 坐标不变,将铣刀沿 Z 方向退离工件;

④ 将机床相对坐标 X(或 Y)置零,并沿 X(或 Y)向工件方向移动刀具半径的距离;

⑤ 将此时机床坐标系下的 X(或 Y)值输入系统偏置寄存器中,该值就是被测边的 X(或 Y)偏置值;

⑥ 沿 Y(或 X)方向重复以上操作,可得 Y(或 X)偏置值;

为避免损伤工件表面,可以在工件上贴一张薄纸,当刀具刚刮破薄纸即视为接触工件;也可在刀具和工件之间加入塞尺进行对刀(主轴停止运行),这样应将塞尺的厚度减去。此外,还可以采用标准芯轴和块规来对刀。

通过对刀即可确定工件坐标系。

1. 怎样进行手动回零？
2. 怎样手动移动工作台？怎样使用手轮移动工作台？
3. 使用 MDI 方式使工作台右移 50 mm，前移 30 mm。
4. 如何安装与更换刀具？

课题四　数控铣床程序的输入、编辑与调用

👍 **学习目标**

① 掌握程序的建立、查找、编辑等方法。
② 掌握文件传输方法。

一、程序的输入、编辑与调用

程序的输入主要有手工输入和通信传输两种方式,这里只介绍手工输入方法。程序输入的操作步骤如下。

通过按操作面板的 ⟦编辑⟧ 键进入编辑方式。通过选择编辑面板的 ⟦↑⟧、

⟦↓⟧ 键可以进行已有文件的选择,然后进行相应的打开、复制、改名与删除操作;可以在文件名后的编辑框中直接输入要操作或新建的文件名,并进行相应的操作;此外还可对外部 U 盘上的文件进行备份、通信等操作。编辑方式主要用于直接对程序进行编辑等手工编程或对程序进行修改,主界面如图 4-4-1 所示。

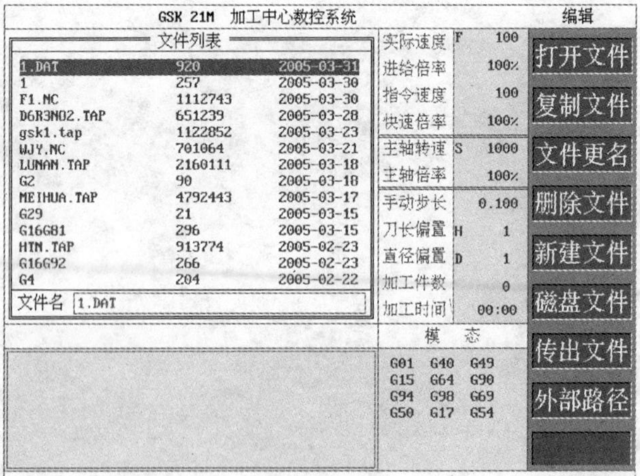

图 4-4-1　编辑方式主界面

系统提供相应的文件操作键,供操作员对文件进行管理与编辑。考虑到与输入法的一致性,文件名只能是字母、字符与数字的合法组合,不能使用中文。

1. 新建文件的操作

新建一个程序文件系统可通过编辑键盘输入并建立,操作如下:

① 进入编辑方式。

② 按系统软键盘新建文件按钮,弹出输入新文件名对话框(见图4-4-2)。

③ 输入文件名,按回车键。如果文件已存在,则系统会提示重新建立(见图4-4-3);如果文件不存在,则新建成功,系统进入编辑状态。

④ 编辑完程序后,按文件保存则新程序被建立,并存入系统加工程序存储器中。

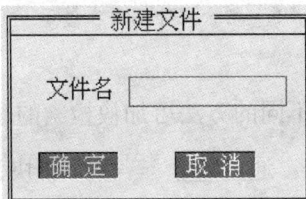

4-4-2　新建文件　　　　图4-4-3　文件已存在警示

2. 打开加工程序的操作

系统可直接打开内存中存储过的程序进行编辑,操作如下:

① 进入编辑方式,屏幕将切换显示文件列表框;

② 程序会定位到最近存储的程序上,并在文件列表框下显示该文件名;

③ 直接按软键盘打开文件将打开该文件,进入编辑页面;

④ 利用 ↑ 、↓ 键选择文件名或直接修改为要编辑的文件名,通过

⬜、⬜翻页加快浏览的速度;

⑤ 按软键盘打开文件即可进入编辑页面。

3. 删除加工程序的操作

利用系统可以将无用的程序删除,以保存更多的有用程序,操作如下:

① 进入编辑方式,屏幕将切换显示文件列表框;

② 程序会定位到最近存储的程序上,并在文件列表框下显示该文件名;

③ 利用 ↑ 、↓ 键选择文件名或直接在文件名框中输入要删除的文

件名(可以通过▤、▤翻页加快浏览的速度);

④ 按软键盘删除文件,屏幕将显示如图 4-4-4 的警告对话框,按Enter 键确定。如果程序存在,则对应的程序被删除。如果程序不存在,则弹出提示对话框(见图 4-4-5)。若取消删除文件,可按Tab键切换到取消按键,再按Enter键确定,也可直接按Esc键取消对话框。程序的复制、更名方法与上相似。

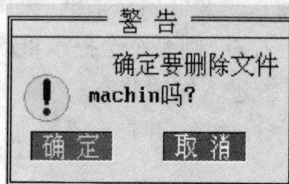

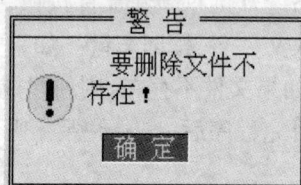

4-4-4 删除文件　　　　图 4-4-5 删除文件不存在警示

4.程序的检索

程序的检索是将程序定位的过程,利用不同的方法可加快检索的速度。

方法一:利用 ↑ 、 ↓ 键选择文件名,通过▤、▤翻页加快浏览的速度。

方法二:直接在文件列表下的文件名对话框中输入要检索的文件名,再进行相应操作即可。

方法三:系统默认最近一次存储的文件为第一个文件,若该程序为所要加工或编辑的程序,可直接进行相关操作。对于文件按时间排列,时间单位只精确到天。同一天修改的文件不再按"小时/分钟"排列。

5.程序的保存

打开一个程序进行修改编辑后,可按屏幕右侧的保存文件或文件另存键将程序保存为原文件名或另外一个新的文件名。注意,按运行程序键也会提示保存最近编辑过的程序,如图 4-4-6 所示,此时再按Enter键程序得到保存。

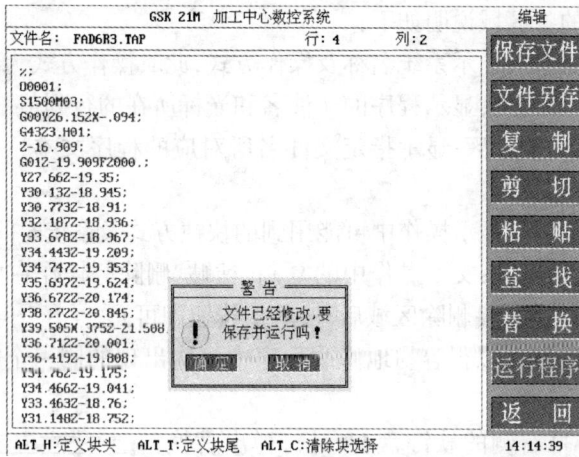

图 4-4-6　编辑过后程序的保存

6. 程序中字的插入、删除、替换

系统上存储的程序,可以根据需要加以修改。

(1) 选择编辑方式。

(2) 选择要编辑的程序。

(3) 通过按软键盘打开文件进入程序编辑画面,如图 4-4-7 所示。

图 4-4-7　编辑程序主界面

图 4-4-7 的各区域说明如下：

① 系统标题栏：显示系统名称及操作方式,此时操作方式为编辑状态。

② 文件名及行列：显示程序的文件名和光标所在的行列值。

③ 程序文本编辑区：显示指定文件名所对应的程序文本,可在此区域内进行编辑。

④ 操作提示区：显示操作中可能用到的快捷方式及系统时间。

⑤ 软键盘操作区：文本操作中的复制、粘贴、删除等操作在此完成(删除的操作方式可以选定要删除区域后,按剪切按钮即可)。

利用替换功能可以很容易地修改程序中多次出现的同一个字,使编辑更灵活,步骤如下：

① 按下屏幕右侧的软键盘替　换,弹出替换对话框(见图 4-4-8)。

② 输入要替换的字或字符串,再输入替换后的字或字符串。

③ 按Enter键可将编辑页面上光标之后出现的要替换的字或字符串变更为新的字或字符串。

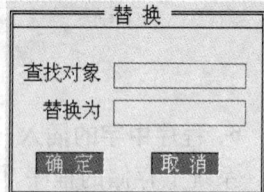

图 4-4-8　查找替换

7. 字的检索及行的定位

（1）移动光标的方法

① 在编辑方式下,打开要编辑的程序。

② 使用 ↑ 、↓ 、← 、→ 方向键可以上、下、左、右移动光标至需要的地方。

③ 使用 、 来实现上、下翻页功能。

④ 使用Home、End键定位到当前程序行的行首及行尾。

⑤ 按Alt +　、或Alt +　键可以跳至程序头或程序尾。档键Alt/Ctrl/Shift的用法与 PC 键盘不同。要先按档键,使其对应的指示灯点亮,然后按其他功能键,而不能同时按下档键和功能键。

（2）查找字的方法

① 在编辑方式下,打开要编辑的程序。

② 按软键盘的查　找键检索,弹出查找对话框如图 4-4-9 所示。

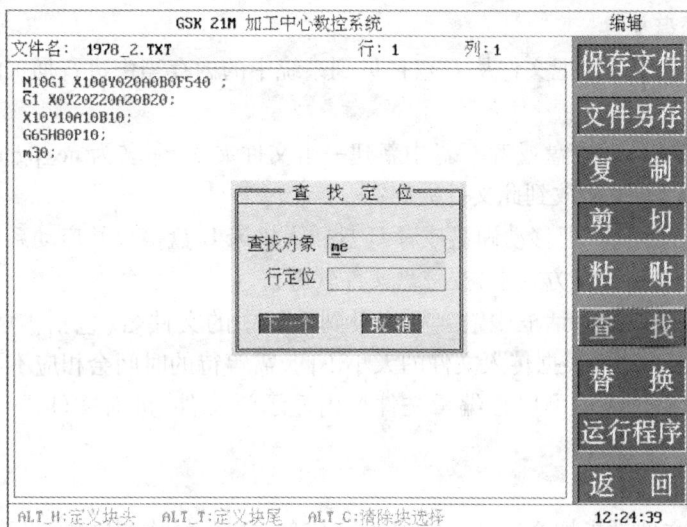

图 4-4-9　编辑方式下的查找

③ 在对话框中输入要查找的字,注意区分大小写。

④ 按Enter键确定后光标自动定位到查找到的字处。

⑤ 如果程序中待查找字不止一处,则查找到的字是从当前光标处开始自上而下查找离光标处最近的字。

⑥ 若无待检索字,则弹出警告框"未找到××"的提示(××为待检索的字),如图4-4-10所示;也可直接按Esc键取消查找对话框。

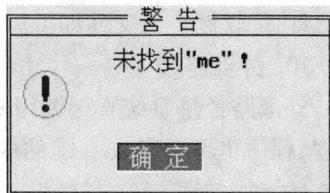

图 4-4-10　编辑方式下的查找警告

(3) 查找行的方法

① 在编辑方式下,打开要编辑的程序。

② 按软键盘的查　找键检索,弹出查找对话框(见图4-4-9)。

③ 按Tab键,使输入焦点切换到行定位输入框,输入要跳到的行。

④ 按Enter键确定后光标自动定位到指定的行。

⑤ 若输入的行不在文本的第一行到最后一行的范围内,则弹出警告框"行号必须在××～××之间"的提示,如图4-4-11所示;也可直接按Esc键取消查找对话框。

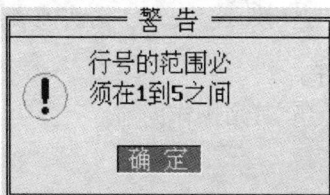

图 4-4-11　查找行的警告

8. 磁盘文件

磁盘文件是指把文件从 U 盘拷贝到系统中的内存当中进行加工的操作。操作步骤如下：

① 先在移动硬盘或者 U 盘中新建一个文件夹，并命名为 nc_pgm，把要拷贝到系统中的程序放到此文件夹中；

② 关闭系统，把移动硬盘或者 U 盘插入机床 U 盘接口并启动系统；

③ 切换到编辑方式下，按磁盘文件软键；

④ 在弹出的对话框中输入要拷贝到系统中的文件名(包括扩展名)，按 Enter 键确定即可，根据传入文件的大小不同，需等待的时间会相应不同；

⑤ 正确传入后可以在编辑文件栏内显示该文件，可对文件进行相应的操作。

9. 传出文件

传出文件是指把文件从系统剪切到 U 盘中去的操作，其操作步骤如下：

① 关闭系统，把 U 盘插入机床 U 盘接口，并启动系统；

② 按 ↑ 、 ↓ 箭头或者 、 键选择要剪切到移动硬盘或 U 盘中去的文件；

③ 按软键传出文件即可。

10. 外部路径

外部路径是系统直接调用 U 盘上的文件，所有的相关操作都是在 U 盘内实现，程序也不会存入系统的内存当中，可节省系统的资源。这是区别于磁盘文件操作的地方。

操作步骤如下：

① 先在移动硬盘或者 U 盘中新建一个文件夹，并命名为 nc_pgm，把要拷贝到系统中的程序放到此文件夹中。

② 关闭系统，把移动硬盘或者 U 盘插入机床 U 盘接口，并启动系统。

③ 切换到编辑方式下按软键，界面如图 4-4-12 所示。

④ 按 ↑ 、 ↓ 箭头或者 、 键选择要剪切到移动硬盘或 U 盘中的文件。

⑤ 其余操作同前。

图 4-4-12　文件编辑界面

注意事项：

① 程序必须在移动硬盘或者 U 盘的 nc_pgm 目录下才能看到。

② 传出功能在这种情况下无效，会弹出如图 4-4-13 所示的对话框。

其中文件列表区显示的是移动硬盘或者 U 盘内 nc_pgm 文件夹下的程序名，同时原先的外部路径变为默认路径，可由操作者根据需要再次按下切换到系统内部的文件列表界面。

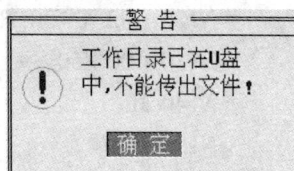

图 4-4-13　无效报警界面

二、程序实例

程序实例一：

　　O1234

　　N10 G54 G0 G90 X-140. Y0.

　　N20 S270M3

　　N30 Z10.

　　N40 G1 Z0 F300

N50 X130. F100

N60 G0 Z10.

N70 M5

N80 M30

程序实例二：

O1235

N10 G54 G00 G90 X－30. Y30.

N20 S400 M03

N30 Z10.

N40 G01 Z－3. F100

N50 X30. F100

N60 Y0.

N70 G02 X－30. R30.

N80 G01 Y30.

N90 G00 Z50.

N100 G00 G90 X30. Y0.

N110 G01 Z－6. F100

N120 G02 X－30. R30. F100

N130 G00 Z50.

N140 M5

N150 M30

？ 思考与练习

1. 建立新程序 O8888，并输入程序实例一，练习程序的编辑、调用等功能。

2. 程序的不同传输方法练习。

3. U 盘文件与机床文件相互传输练习。

课题五　数控铣床常用编程指令

📖 **学习目标**

① 掌握工件坐标系的建立步骤。
② 掌握常用 G 功能指令格式及应用。

一、工件坐标系 G54 ~G59

G54 ~ G59 指令可以分别用来选择相应的工件加工坐标系。这六个工件加工坐标系是通过 CRT/MDI 方式设定的。

指令格式:

G54 G90 G100/G01 X__ Y__ Z__;

例: N10 G55 G90 G00 X100 Y20 Z100;

　　　N20 G56 G90 G00 X80.5 Y60 Z25;

二、浮动坐标系 G92

指令格式:G92 X__ Y__ Z__;

功能:设置浮动工件坐标系。三个指令参数指定当前刀具在新的浮动工件坐标系下的绝对直角坐标值。该指令不会产生运动轴的移动,如图 4-5-1 所示。

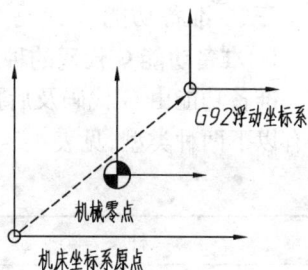

图 4-5-1 所示 G92 浮动坐标系对应的原点为机床坐标系下的值,与工件坐标系没有关系,在机床回机械零点后才能建立。G92 设定

图 4-5-1　浮动坐标系

后的有效性在以下情况有效: ① 系统断电前;② 调用工件坐标系前;③ 机床回零操作前。

G92 浮动坐标系通常用于工件加工时临时找正,因断电后数据将丢失。因此通常在程序自动运行之前,在 MDI 方式中运行 G92 指令。

指令 G92 的三个指令参数为定位参数,其参数字只能是 X,Y,Z 均为可选参数。对于未指定定位参数的轴,新的浮动坐标系下的坐标与当前工件坐标系下的坐标一致。对 G92 不指定定位参数,G92 将不执行。

确定浮动坐标系的方法有以下两种:

① 以刀尖定坐标系,如图 4-5-2 所示,利用 G92 X25.3 Z23,将刀尖所在的位置作为浮动坐标系下(X25.3 Z23)点。

② 以刀柄上的某一固定点为基准定坐标系,如图 4-5-3 所示,利用 G92 X600 Z1200 指令进行坐标系设定(以刀柄上某基准点为起刀点时)。把刀柄上

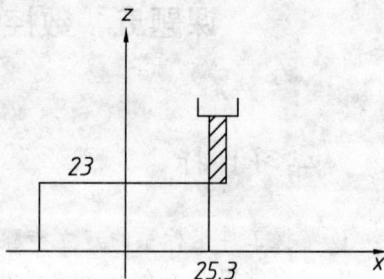

图 4-5-2   以刀尖定坐标系

某一基准点作为起点,如果按程序中的绝对值指令运动,则基准点移到被指令的位置,必须加刀具长度补偿,其值为基准点到刀尖的差。

注意事项:

① 如果在刀偏中用 G92 设定坐标系,则对刀具长度补偿来说是没加刀偏前,用 G92 设定的坐标系。

② 对于刀具半径补偿,用 G92 指令时要取消刀偏。

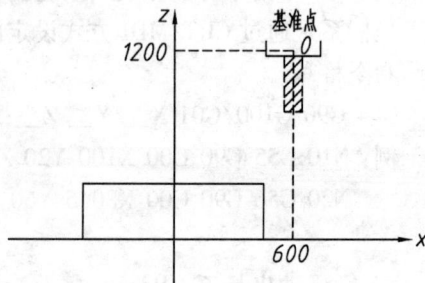

图 4-5-3   以刀柄上固定点定坐标系

三、 准备功能 G 代码

1. 准备功能 G 代码的种类

准备功能由 G 代码及后接数字表示,规定其所在的程序段的意义。G 代码有以下两种类型,见表 4-5-1。

表 4-5-1   G 代码类型

种 类	意 义
非模态 G 代码	只在被指令的程序段有效
模态 G 代码	在同组其他 G 代码指令前一直有效

示例:G01 和 G00 是同组的模态 G 代码

$$G01\ X\_\_\_;$$
$$Z\_\_\_;\qquad G01\ 有效$$
$$X\_\_\_;\qquad G01\ 有效$$
$$G00\ Z\_\_\_;\quad G00\ 有效$$

模态是加工程序运行的内环境。可以说,一切对刀具相对于工件的移动产生影响的当前信息都被称为模态。这里包括刀具插补移动的方式,对刀具和工件进行空间定位的坐标系统,以及坐标系统建立的基础参考点。此外它还包括由刀具的差别带来的刀补,以及刀具轨迹在平面内的缩放、旋转状态。这些模态信息的改变都将对刀具相对于工件的移动产生影响,可使用两种方法对模态信息进行维护:一是修改系统参数,如坐标系的建立,刀补值的输入等;二是通过具体的模态指令。比如刀补指令 G43,G41,刀具移动指令 G00,G01 等。另外,还可以通过参数输入方式的指令 G10 在线对系统参数进行修改。

具体的系统参数见表 4-5-2。

表 4-5-2　系统参数表

G 代码	组别	指令形式	功　能
G00	01	G00 X__Y__Z__;	定位(快速移动)
G01*		G01 X__Y__Z__F__	直线插补(切削进给)
G02		G02 X__Y__ R__ F__;	圆弧插补 CW(顺时针)
G03		G03 I__ J__	圆弧插补 CCW(逆时针)
G04	00	G04 P__; 或 G04 X__;	暂停,准停
G60		G60 X__ Y__ Z__ F__;	单方向定位
G10	11	G10 N__ R__ L__;	修改刀具偏置,以及螺补
G11		G11;	取消 G10
G17*	02	在程序段中随其他程序写入	XY 平面选择
G18		即可,用在圆弧插补与刀具	ZX 平面选择
G19		半径补偿中	YZ 平面选择
G20*	06	目前系统只使用公制数据	英制数据输入
G21		输入,不能用英制输入数据	公制数据输入
G28		G28 X__ Y__ Z__;	返回参考点
G29		G29	从参考点返回

G 代码	组别	指令形式			功 能
G40 *		G17	G40	X__ Y__	刀具半径补偿取消
G41	07	G18	G41	X__ Z__	左侧刀具半径补偿
G42		G19	G42	Y__ Z__	右侧刀具半径补偿
G43		G43			正方向刀具长度补偿
G44	08	G44		Z__	负方向刀具长度补偿
G49 *		G49			刀具长度补偿取消
G53	00	在程序中写入即可			选择机床坐标系
G54 *					工件坐标系 1
G55					工件坐标系 2
G56	05	在程序段中随其他程序写入			工件坐标系 3
G57		即可,一般放在程序的开始处			工件坐标系 4
G58					工件坐标系 5
G59					工件坐标系 6
G65	00	G65 H_ P#i Q#j R#k ;			宏程序指令
G73		G73 X__ Y__ Z__ R__ Q__ F__ ;			钻深孔循环
G74		G74 X__ Y__ Z__ R__ P__ F__ ;			左旋攻丝循环
G76		G76 X__ Y__ Z__ R__ P__ F__ K__ ;			精镗循环
G80 *		在程序段中随其他程序写入			固定循环注销
G81		G81 X__ Y__ Z__ R__ F__ ;			钻孔循环(点钻循环)
G82		G82 X__ Y__ Z__ R__ P__ F__ ;			钻孔循环(镗阶梯孔循环)
G83	09	G83 X__ Y__ Z__ R__ Q__ F__ ;			深孔钻循环
G84		G84 X__ Y__ Z__ R__ P__ F__ ;			攻丝循环
G85		G85 X__ Y__ Z__ R__ F__ ;			镗孔循环
G86		G86 X__ Y__ Z__ R__ F__ ;			钻孔循环
G87		G87 X__ Y__ Z__ R__ Q__ P__ F__ ;			反镗孔循环
G88		G88 X__ Y__ Z__ R__ P__ F__ ;			镗孔循环
G89		G89 X__ Y__ Z__ R__ P__ F__ ;			镗孔循环

G 代码	组别	指 令 形 式	功 能
G90*	03	在程序段中随其他程序写入	绝对值编程
G91			增量值编程
G92	00	G92 X__ Y__ Z__;	坐标系设定
G98	10	在程序段中随其他程序写入	在固定循环中返回初始平面
G99			返回到 R 点(在固定循环中)

注: ① 带有 * 记号的 G 代码,当电源接通时,系统处于这个 G 代码的状态。G00,G01 可以用参数设定来选择。

② 00 组的 G 代码是一次性 G 代码。

③ 如果使用了 G 代码一览表中未列出的 G 代码,则出现报警,或指令了不具有选择功能的 G 代码,也报警。

④ 在同一个程序段中可以指令几个不同组的 G 代码,不能在同一个程序段中指令两个以上的同组 G 代码,否则系统会出现报警或不正常走刀现象。

⑤ 在固定循环中,如果指令了 01 组的 G 代码,固定循环则自动被取消,变成 G80 状态。但是 01 组的 G 代码不受固定循环的 G 代码影响。

⑥ G 代码根据类型的不同,分别用各组号表示。

⑦ 特别说明,系统界面模态区如显示 G94/G95,G20/G21,G50/G51,G68/G69,则其为系统的正常情况,不影响加工,这些指令为系统以后扩展的指令。目前系统暂不支持这些指令。

2 . 参数的构成

参数通常与代码共同出现,是构成指令的要素。它是由参数字和其后面的参数值构成的(有时在数值前带有 + 、– 符号)。

参数字是英文字母(A ~ Z 或 a ~ z)中的一个字母,它规定了其后数值的意义。在本系统中可以使用的参数字和它的意义如表 4-5-3 所示。

根据不同的准备功能,有时一个参数字也有不同的意义。

表 4-5-3 参数字及意义

功 能	参数字	意 义
程序号	O	程序号
顺序号	N	顺序号
准备功能	G	指定动作状态(直线,圆弧等)

功　能	参数字	意　　义
尺寸字	X,Y,Z	坐标轴移动指令
	R	圆弧半径
	I,J,K	圆弧中心坐标
进给速度	F	进给速度指定
主轴功能	S	主轴转速指定
刀具功能	T	刀具号的指定
辅助功能	M	控制机床方面 ON/OFF 的指定
长度偏置	H	长度偏置号的指定
半径偏置	D	半径偏置号的指定
暂停	P,X	暂停时间的指定
子程序号指定	P	指定子程序号
重复次数	P	子程序的重复次数
参数	P,Q,R	固定循环参数

3. 基本参数字和指令值范围

基本参数字和指令范围代码如表4-5-4所示。

表4-5-4　基本参数字和指令范围代码

功　能	参数字	范　围	单　位
程序号	O	1～9 999	
顺序号	N	1～9 999	
准备功能	G	0～99	
尺寸字	X,Y,Z,I,J,K,Q,R	±9 999.999	mm
每分进给	F	1～100 000	mm/min
主轴功能	S	0～99 999	r/min
刀具功能	T	0～99	
辅助功能	M	0～99	
暂停	X	1～10	X 对应 s
	P	1 000～10 000	P 对应 ms
子程序号指定	P	1～9 999	

功　能	参数字	范　围	单　位
固定循环重复次数	K	1～9(参数可更改)	次
半径偏置	D	-9 999.999～+999.999	mm
长度偏置	H	-9 999.999～+999.999	mm

四、 简单 G 代码

1．快速定位 G00

该指令命令刀具以点位控制方式从刀具所在点快速移动到下一个目标位置。G00 的速度一般是用参数来设定的。注意使用 G00 指令时,刀具从起点到目标点的路径不一定是直线,而是两条或三条直线段的组合。

指令格式:(G90/G91)G00 X__ Y__ Z__;

指令说明:X,Y,Z 指目标位置的坐标值。

2．直线插补 G01

该指令用于产生按指令进给速度的直线运动。可使机床沿 X,Y,Z 方向执行单轴运动,也可使机床三轴联动,沿指定空间直线运动。

指令格式:(G90/G91)G01 X__ Y__ Z__ F__;

指令说明:X,Y,Z 为指令直线的终点坐标值,F 为移动速度。

3．对值/增量编程 G90/G91

尺寸字指令的实质是坐标尺寸。它的指令含义分绝对坐标尺寸和增量坐标尺寸两种。绝对坐标尺寸是指在指令的坐标系中,机床的运动位置的坐标值是相对于坐标原点给出的;增量坐标尺寸是指机床运动位置的坐标值是相对于前一位置给出的。

例如图 4-5-4 中从始点到终点的移动,用绝对值指令 G90 编程和增量值指令 G91 编程的情况如下:

G90 G0 X40 Y70;

或　G91 G0 X-60 Y40 ;

4．弧（螺旋）插补 G02/G03

G02 表示按指令进给速度的顺时针圆弧插补,G03 表示按指令进给速度的逆时针圆弧插补。

在不同坐标平面 G02 和 G03 规定如图

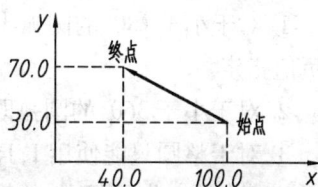

图 4-5-4　轨迹示意图

4-5-5 所示。

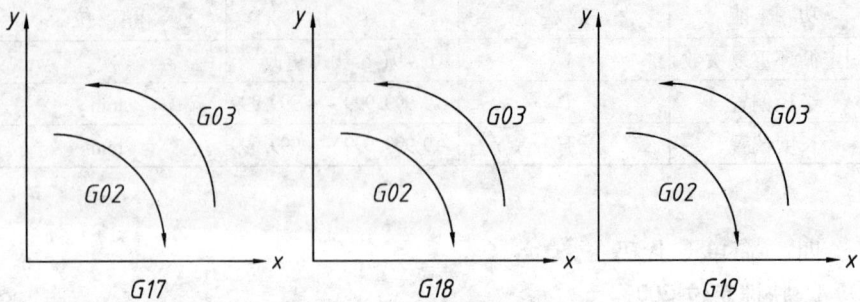

图 4-5-5　不同坐标平面圆弧指令规定

　　如果已知圆心坐标或半径,可引出两种指令格式,即圆心坐标 I,J,K 或半径 R 编程。用参数字 X,Y 或 Z 指定圆弧的终点,圆弧中心用参数字 I,J,K 指定,无论是在绝对方式 G90 还是相对方式 G91 下,I,J,K 参数值分别等于圆心的坐标减去圆弧始点的坐标,见图 4-5-6。

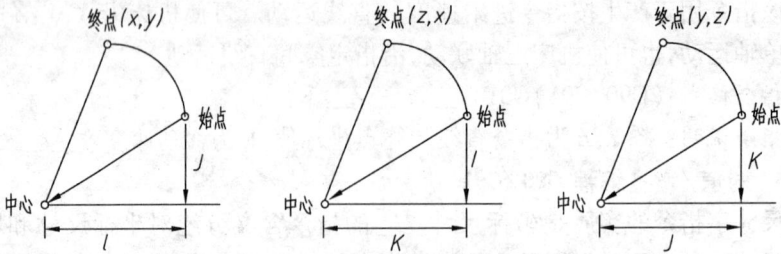

图 4-5-6　圆弧插补

指令格式:

G02/ G03　　X__　Y__　R__　F__ ;

或 G02/ G03　　X__　Y__　I__　J__　F__;

指令说明:

　　① 对于小于 180°的圆弧半径 R 用正值指定,对于大于 180°的圆弧半径 R 用负值指定。

　　② 对于小于 360°的圆弧既可用 I,J,K 编程也可用 R 编程。

　　③ 对于整圆只能使用 I,J,K 编程。

　　程序实例:分别用绝对值编程和增量值编程完成此加工,如图 4-5-7 所示。

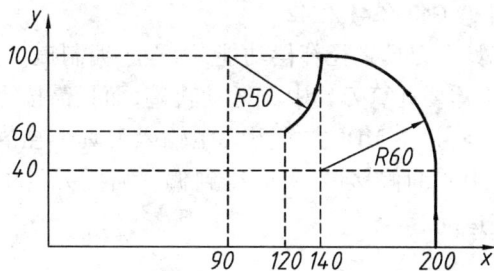

图 4-5-7 加工示意图

（1）绝对值编程：

G00 X200 Y40 Z0

G90 G03 X140 Y100 R60 F300

G02 X120 Y60 R50

（2）增量值编程：

G00 G90 X200 Y40 Z0

G91 G03 X－60 Y60 R60 F300

G02 X－20 Y－40 R50

5.坐标平面选择 G17／G18／G19

指令功能：对圆弧插补，刀具半径补偿或钻孔、镗孔时，需要进行平面选择。此时通过 G17／G18／G19 进行选择平面。

指令格式：G17／G18／G19；

指令说明：G17——XY 平面；

G18——ZX 平面；

G19——YX 平面。

五、 刀具补偿 G 代码

由于在手动编制程序时通常不考虑刀具的长度和半径，而使刀具始终是按刀具中心的点进行移动。如果不加补偿，将会对零件产生干涉，同时多把刀具也存在刀具尺寸的偏差，为了消除这些偏差给编程时带来的麻烦，系统引入刀具补偿功能。

在使用刀具补偿功能时，应注意目前系统只支持 G17 平面的刀具补偿。在使用 G41,G42 半径补偿，或 G43,G44 长度补偿时，该程序段必须紧跟参数 D 或 H，否则系统将出现错误。刀具建立补偿后，可以修改 D,H，但直到下次调用时才会有效。

1．刀具半径补偿 G40／G41／G42

数控机床大都具有刀具半径补偿功能，为程序编制提供了方便。当编制零件加工程序时，不需要计算刀具中心运动轨迹，而只需按零件轮廓编程，使用刀具半径补偿指令，并在 MDI 方式下人工输入刀具半径值，数控系统便能自动地计算出刀具中心的偏移量，进而得到偏移后的刀具中心轨迹，并使系统按刀具中心轨迹运动。

指令功能：

G41 表示左偏刀具半径补偿，是指沿着刀具运动方向向前看的左侧补偿。

G42 表示右偏刀具半径补偿，是指沿着刀具运动方向向前看的右侧补偿。

G40 表示取消刀具半径补偿。使用该指令后，使 G41、G42 指令无效。

指令格式：

G01　G41／G42　X__ Y__ D__；

…

…

G01　G40　X__　Y__；

指令说明：

① 补偿量（D 值），在程序中 D 码指令后的两个数值即为补偿量，补偿量必须通过 MDI/LCD 单元设定。只能在录入方式下修改刀具偏置值（在其他方式下只能浏览）。如果偏置值的符号为负，那么 G41 和 G42 指相互取代，偏移方向也将相反。刀具偏置设置窗口如图 4-5-8 所示。

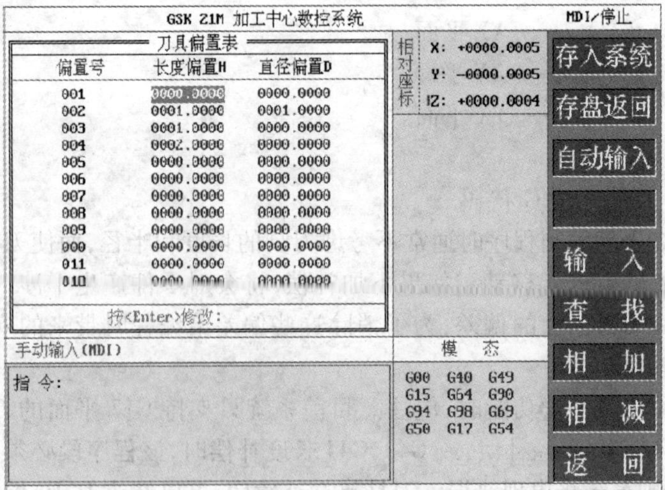

图 4-5-8　刀具偏置设置窗口

② 在 G00,G01 状态,利用指令 G40 X__ Y__ 取消刀具半径补偿。如果没指令 X__ Y__ 时,刀具不做运动。

2．刀具长度补偿指令 G43/G44/G49

当数控机床具有长度补偿功能时,在程序编制中,可以不必考虑刀具的实际长度尺寸,使用刀具长度补偿指令,在 MDI 中输入刀具长度尺寸,由数控系统自动地计算出刀具在长度方向上的位置进行加工。另外,当刀具磨损、更换新刀具时也可使用刀具长度补偿指令。刀具长度补偿指令在数控铣削加工中心中使用较多。

指令功能:

G43 表示刀具长度正补偿;

G44 表示刀具长度负补偿;

G49 表示刀具长度补偿取消。

指令格式:

G01/G00　　G43/G44　　Z__　　H__;

…

…

G01/G00　　G49;

无论采用绝对尺寸还是增量尺寸,在程序执行时,都是将存放在偏置地址 H 中的偏置量与 Z 坐标的尺寸字进行运算后,按其结果进行 Z 轴的移动。使用 G43 指令时,是将 H 中的值加到 Z 向尺寸字上;使用 G44 指令时,是从 Z 向尺寸字中减去 H 中的数值。

六、子程序调用 M98

编程中,为了简化程序的编制,当一个工件上有相同的加工内容时,常用调子程序的方法进行编程。调用子程序的程序叫做主程序。子程序的编写与一般程序基本相同,只是程序结束符为 M99,表示子程序结束并返回到调用子程序的主程序中。

其中:前四位指的是调用次数(1-9999),调用 1 次时可不输入,后四位指指的是被调用的子程序号(0000 - 9999),当调用次数未输入时,子程序号的前的 0 可省略,当输入调用次数时,子程序必须为四位数。子程序的嵌套可到四重,如图 4-5-9 所示。示意图表示子程序 O1000 重复执行六次后返回主程序中调用子程序段下一程序段继续执行,M99 表示子程序结束。

主程序   子程序　O1000

N10 …

N20 …

N30 M98 P61000

N40 …

N50 …

N60 …

N70 …

N5 …

N25…

N35…

N45…

N55…

N65…

N75…

M99

子程序重复执行六次

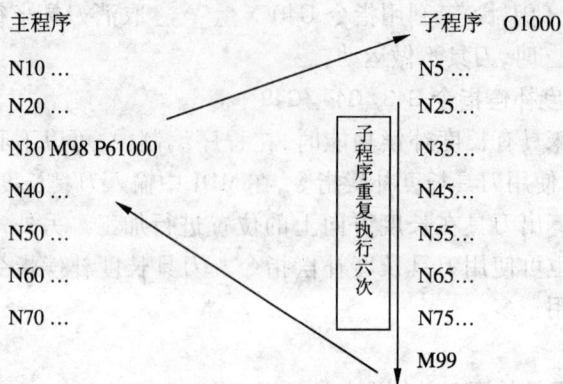

图 4-5-9　嵌套示意图

思考与练习

1. 练习工件坐标的建立。
2. 编写图 4-5-10 加工程序。

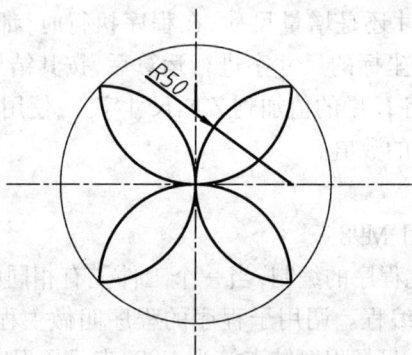

图 4-5-10

课题六　数控铣床孔加工固定循环指令

学习目标

① 掌握刀具长度补偿指令。
② 掌握镗孔、钻孔固定循环指令。

一、固定循环 G 代码

固定循环通常是用含有 G 功能的一个程序段完成用多个程序段指令完成的加工动作使程序得以简化,使编程员编程变得容易。

固定循环的一般过程由 6 个顺序的动作组成,如图 4-6-1 所示。

动作 1:X 轴和 Y 轴的定位(还可包括另一个轴)。

动作 2:快速移动到 R 点。

动作 3:孔加工动作。

动作 4:在孔底的动作。

动作 5:返回到 R 点。

动作 6:快速移动到初始点。

在 XY 平面定位,只能在 Z 轴方向进行孔加工,不能在其他轴方向进行孔加工。此过程与指定平面的 G 代码无关,规定一个固定循环动作有 3 种方式决定,它们分别由 G 代码指定。

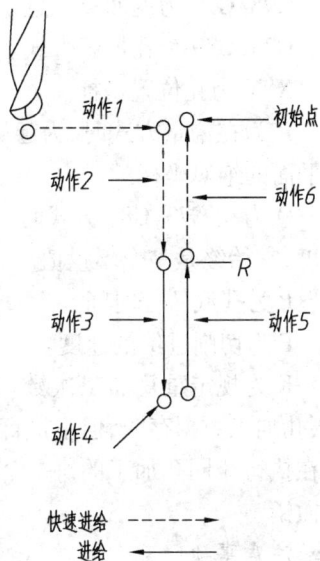

图 4-6-1　固定循环的过程

(1) 数据形式

G90 表示绝对值方式; G91 表示增量值方式。

(2) 返回点平面

G98 表示初始点平面; G99 表示 R 点平面。

① 初始点平面是表示开始固定循环状态前刀具所处的 Z 轴方向的绝对

位置。

②R点平面又称安全平面,是固定循环中由快进转工进时Z轴方向的位置,一般定在工件表面之上一定距离,以防止刀具撞到工件,并保证足够距离完成加速过程。

(3) 孔加工方式

G73/G74/G81~G89指定了固定循环的全部数据,包括孔位置数据、孔加工数据、重复次数等,使之构成一个程序段。

孔加工方式的通用格式如下所示:

G90/G91 G98/G99 G73~G89 X __ Y __ Z __ R __ Q __ P __ F __ K __;
其中,G90/G91为数据方式。在采用绝对值方式时,Z值为孔底的坐标值;当采用增量值方式时,Z轴规定为R点平面到孔底的距离。

G98/G99为返回点位置。G98指令返回起始点,G99指令返回R平面。

G73/G89为孔加工方式。

X,Y为孔位置坐标。

R为在增量方式时,为起始点到R平面的增量距离;在绝对值方式时,为R平面的绝对坐标。

Q为在G73,G83方式时,或具有偏移值的G76与G87时,规定每次切削深度,它始终是一个增量值。

P为孔底暂停时间。

F为切削进给的速度。

K为规定重复加工次数(1~6)。当K没有规定时,默认为1;当K=0时,孔加工数据存入,但不执行加工。当孔加工方式建立后一直有效,而不需要在执行相同孔加工的每一个程序段中指定,直到被新的孔加工方式所更换或撤销。

注意事项:

① 不能单段(单独)指定钻孔指令G __,否则系统会报警1098,而且此做法也没有意义。

② 一旦指令了孔加工方式后,直到指定取消固定循环的G代码之前它都保持有效,所以连续进行同样的孔加工时不需要每个程序都指定。

③ 取消固定循环的G代码,有G80及01组的G代码。

④ 加工数据。一旦在固定循环中被指定,便一直保持到取消固定循环为止,因此在固定循环开始,把必要的孔加工数据全部指定出来,在其后的固定循环中只需指定变更的数据。

1. 固定循环的绝对值指令和增量值指令 G90/G91

G90，G91 相对应的数据给出方式是不同的，沿着钻孔轴的移动距离对 G90 和 G91 变化如图 4-6-2 所示，一般用 G90 编程，在 G91 模态下，考虑到用户在固定循环时为当前位置开始向 Z 轴负方向进刀，故 R 值与 Z 值规定为负值，若用户输入正值，统一按负值处理。

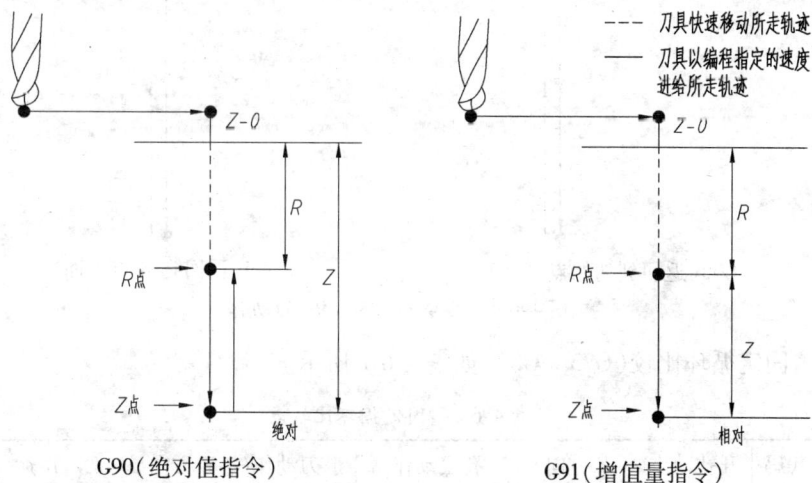

图 4-6-2 指令 G90 和 G91 的动作

注意，在 G91 模态下，考虑到用户在固定循环时为当前位置开始向 Z 轴负方向进刀，故 R 值与 Z 值规定为负值，若用户输入正值，统一按负值处理。

2. 固定循环的返回平面指令 G98/G99

当刀具到达孔底后刀具可以返回到 R 点平面或初始位置平面。根据 G98 和 G99 的不同，可以使刀具返回到初始点平面或 R 点平面。程序最初的孔加工用 G99，最后的孔加工用 G98。用 G99 状态加工孔时，初始平面也不变化。指令 G98 和 G99 的动作如图 4-6-3 所示。系统默认情况为 G98。

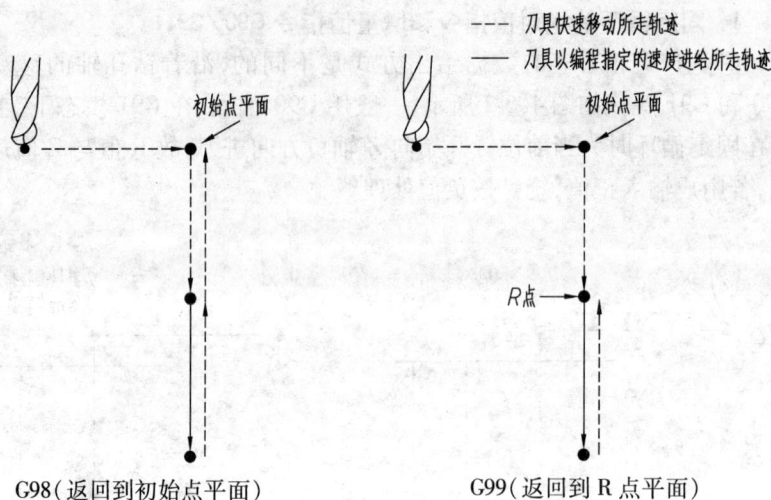

--- 刀具快速移动所走轨迹
—— 刀具以编程指定的速度进给所走轨迹

G98（返回到初始点平面）　　　　　　　G99（返回到 R 点平面）

图 4-6-3　指令 G98 和 G99 的动作

固定循环比较（G73～G89）如表 4-6-1 所示。

表 4-6-1　固定循环比较表

G 代码	开孔动作（−Z 方向）	孔底动作	退刀动作（+Z 方向）	用途
G73	间歇进给		快速进给	高速深孔加工
G74	切削进给	暂停主轴正转	切削进给	反攻丝循环
G76	切削进给	主轴停	快速进给	精镗
G80				取消
G81	切削进给		快速进给	钻,点钻
G82	切削进给	暂 停	快速进给	钻,镗阶梯孔
G83	间歇进给		快速进给	深孔加工循环
G84	切削进给	暂停主轴反转	切削进给	攻丝
G85	切削进给		切削进给	镗
G86	切削进给	主轴停	快速进给	镗
G87	切削进给	主轴正转	快速进给	镗
G88	切削进给	暂停、主轴停	手动	镗
G89	切削进给	暂 停	切削进给	镗

注意,进行固定循环加工前,一定要撤销刀具半径补偿,否则系统将出现

不正确的走刀现象。在固定循环模态下,R 指令不能以单段的形式出现,即固定循环开始后,不能单独编写一个 R 指令作为一行。

二、 高速深孔加工循环 G73

指令格式:G73　X__Y__Z__R__Q__F__K__;

指令功能:该循环专门为执行高速深孔钻设定,它执行间歇切削进给直到孔的底部,在进给的同时从孔中快速退刀,排出切屑。动作示意图见图 4-6-4。

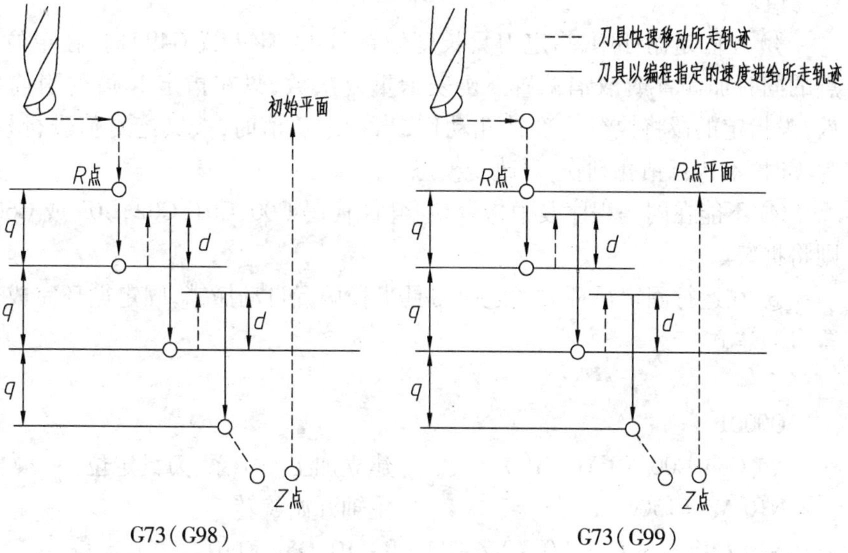

图 4-6-4　G73 动作示意图

指令说明:

X__Y__:孔定位数据。

Z__:增量编程表示指定 R 点到孔底距离;绝对编程表示孔底的绝对坐标值。

R__:增量编程表示从初始点平面到 R 点距离,绝对编程表示 R 点的绝对坐标值。执行第一个钻孔时孔底参数 Z 及参数 R 一定要正确指定(不能缺省),否则,系统将执行不正常钻孔动作,给出报警提示:"缺少 Z/R 参数"。

Q__:每次切削进给的切削深度。指定指令参数 Q 时,将作如图 4-6-4 所示的间歇进给。这时,系统将以参数 P121 中设定的退刀量 d 进行回退,刀具每次进给间歇地执行距离为 d 的快速移动退回。

F__:切削进给速度。

K__:重复次数。

注意事项：

① 如果不指定指令参数 Q,将不作间歇进给,系统会给出报警提示:"进刀量设置为 0,请修改程序"。如 Q 值指定为负值,系统将以其绝对值进行间歇进给。

② 如果指定的 Q 值小于参数 P121 中设置的值,系统将提示:"进刀量 Q 小于回退值 d"的报警信息,此时可修改参数 P121 的值,或修改程序中进刀量 Q 的值。

③ 在固定循环中,指定刀具长度偏置(G43,G44 或 G49)时,在定位到 R 点的同时加偏置或取消偏置。K 表示重复次数,只在指定 K 值的当前段有效,没指定的段将执行一次钻孔动作,当指定负值时,按其绝对值进行执行,为零时,不执行钻孔动作,只改变模态。

④ 不能在同一程序段中指定 01 组 G 代码 G00,G01,G02,G03 或 G60,否则将报警。

⑤ 在运行固定循环方式之前刀具半径偏置自动撤销,固定循环完成后偏置自动建立。

示例:

```
00001
N5 G54 G00 X0 Y0 Z100              建立加工坐标系,刀具定位
N10 M3 S1500                       主轴开始旋转
N20 G90 G99 G73 X0 Y0 Z – 15. R – 10. Q5. F120.
                                   定位,钻 1 孔,然后返回到 R 点
N30 Y – 50                         定位,钻 2 孔,然后返回到 R 点
N40 Y – 80                         定位,钻 3 孔,然后返回到 R 点
N50 X10                            定位,钻 4 孔,然后返回到 R 点
N60 Y10                            定位,钻 5 孔,然后返回到 R 点
N70 G98 Y75                        定位,钻 6 孔,然后返回初始位置平面
N80 G80                            取消固定循环
N90 G28 G91 X0 Y0 Z0               返回到参考点
N100 M5                            主轴停止旋转
N110 M30                           程序结束
```

三、 钻孔循环，点钻循环 G81

指令格式:G81　X__　Y__　Z__　R__　F__　K__;

指令功能:该循环用作正常钻孔切削进给,执行到孔底,然后刀具从孔底快速移动退回。

指令说明:

X__Y__:孔定足位数据。

Z__:增量编程表示指定 R 点到孔底距离;绝对编程表示孔底的绝对坐标值。

R__:增量编程表示从初始点平面到 R 点距离;绝对编程表示 R 点的绝对坐标值。执行第一个钻孔时孔底参数 Z 及参数 R 一定要正确指定(不能缺省),否则,系统将执行不正常钻孔动作,给出报警提示:"缺少 Z/R 参数"。

F__:切削进给速度。

K__:重复次数(若必要)。当指定重复次数 K 时,只对第一个孔执行 M 代码,对第二或以后的孔不执行 M 代码。当 K 为零时,不执行钻孔动作,只改变模态。

示例:

O00002

N5 G54 G00 X0 Y0 Z100　　　　　建立加工坐标系,刀具定位

N10 M3 S2000　　　　　　　　　主轴开始旋转

N20 G90 G99 G81 X300. Y – 250. Z – 150. R – 10. F120.

　　　　　　　　　　　　　　　定位,钻1孔,然后返回到 R 点

N30 Y – 550.　　　　　　　　　定位,钻2孔,然后返回到 R 点

N40 Y – 750.　　　　　　　　　定位,钻3孔,然后返回到 R 点

N50 X1000.　　　　　　　　　　定位,钻孔4,然后返回到 R 点

N60 Y – 550.　　　　　　　　　定位,钻5孔,然后返回到 R 点

N70 G98 Y – 750.　　　　　　　定位,钻6孔,然后返回初始位置平面

N80 G80　　　　　　　　　　　取消固定循环

N90 G28 G91 X0 Y0 Z0　　　　　返回到参考点

N100 M5　　　　　　　　　　　主轴停止旋转

N110 M30　　　　　　　　　　　程序结束

四、 排屑钻孔循环 G83

指令格式:G83　X__　Y__　Z__　R__　Q__　F__　K__;

指令功能:该循环执行深孔钻,执行间歇切削进给到孔的底部,钻孔过程

中从孔中排除切屑,如图 4-6-5 所示。

G83(G98)   G83(G99)

--- 刀具快速移动所走轨迹
—— 刀具以编程指定的速度进给所走轨迹

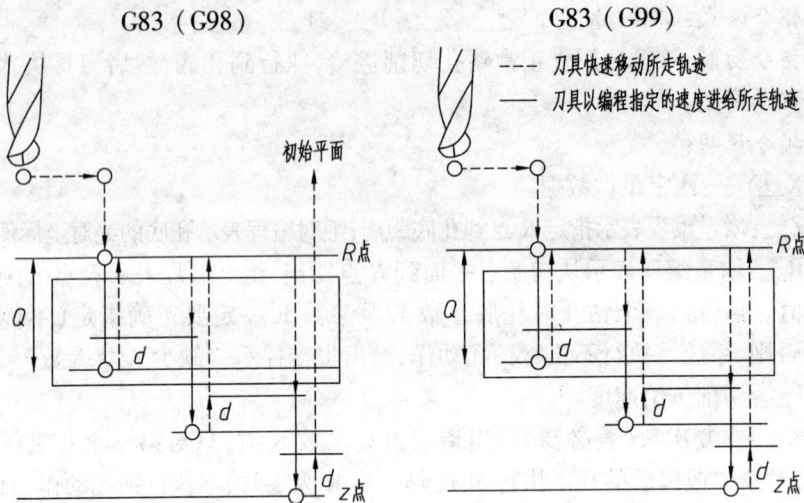

图 4-6-5　G83 的动作示意图

指令说明:

X__Y__:孔定位数据。

Z__:增量编程指定 R 点到孔底距离;绝对编程表示孔底的绝对坐标值。

R__:增量编程表示从初始点平面到 R 点距离;绝对编程表示 R 点的绝对坐标值。

Q__:每次切削进给的切削深度。在第二次和以后的切削进给中,执行快速移动到上次钻孔结束之前距离为 d 的点,再次执行切削进给 d,d 的值通过参数 P121 进行设定。如图 4-6-5 所示,这样在接触孔表面时系统加速过程便已完成,可达到均匀进刀的目的。在 Q 中必须指定正值,负号被忽略,系统仍以正值处理。在执行钻孔的程序段中指定 Q,如果在不执行钻孔的程序段中,指定 Q 不能作为模态数据被贮存。

F__:切削进给速度。

K__:重复次数(若必要)。当指定重复次数 K 时,只在第一个孔执行 M 代码,对第二孔及其以后的孔不执行 M 代码。当 K 为零时,不执行钻孔动作,只改变模态。

当固定循环中指定刀具长度偏置(G43,G44 或 G49)时,在定位到 R 点的同时加偏置。

注意,在钻孔期间,由于本系统目前不支持过载扭矩检测信号,所以目前该系统不提供小孔深孔钻循环功能的 G83。

示例：

O00003

N5 G54 G00 X0 Y0 Z100	建立加工坐标系,刀具定位
N10 M3 S2000	主轴开始旋转
N20 G90 G99 G83 X300. Y－250. Z－150. R－100. Q15 F120;	
	定位,钻 1 孔,然后返回到 R 点
N30 Y－550	定位,钻 2 孔,然后返回到 R 点
N40 Y－750	定位,钻 3 孔,然后返回到 R 点
N50 X1000	定位,钻 4 孔,然后返回到 R 点
N60 Y－550	定位,钻 5 孔,然后返回到 R 点
N70 G98 Y－750	定位,钻 6 孔,然后返回初始位置平面
N80 G80	取消固定循环
N90 G28 G91 X0 Y0 Z0	返回到参考点
N100 M5	主轴停止旋转
N110 M30	程序结束

五、精镗循环 G76

指令格式:G76 X__Y__Z__Q__R__P__F__K__;

指令功能:精镗循环适用于孔的精镗。当到达孔底时,主轴停转,切削刀具离开工件被加工表面并返回。这样可防止退刀痕影响加工表面的光洁度,同时避免刀具的损坏,如图 4-6-6 所示。

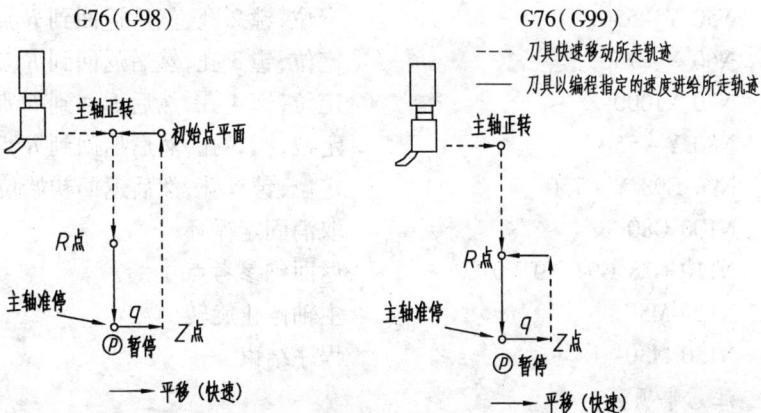

图 4-6-6 精镗循环路径图

指令说明：

X__Y__:孔定位数据。

Z__:增量编程表示指定 R 点到孔底距离,绝对编程表示孔底的绝对坐标值。

R__:增量编程表示从初始点平面到 R 点距离;绝对编程表示 R 点的绝对坐标值。

Q__:孔底的偏移量。当刀具到达孔底时,主轴停止在固定的回转位置上,并且刀具以刀尖的相反方向移动退刀。这样可以保证加工面不被破坏,实现精密而有效的镗削加工。参数 Q 指定了退刀的距离。通过系统参数 P002.4 与 P002.5 指定退刀方向,Q 值必须是正值。即使用负值,符号也不起作用。Q 在孔底的偏移量是在固定循环内保存的模态值。

P__:暂停时间。

F__:切削进给速度。

K__:精镗的次数。当指定重复次数 K 时,只对第一个孔执行 M 代码,对第二或以后的孔不执行 M 代码。

示例：

O0004

N5 G54 G00 X0 Y0 Z100	建立加工坐标系,刀具定位
N10 M3 S500	主轴开始旋转
N20 G90 G99 G76 X300. Y − 250.	定位,镗 1 孔,然后返回到 R 点
N30 Z − 150. R − 100. Q5.	孔底定向然后移动 5 mm
N40 P1000 F120.	在孔底停止 1 s
N50 Y − 550.	定位,镗 2 孔,然后返回到 R 点
N60 Y − 750.	定位,镗 3 孔,然后返回到 R 点
N70 X1000.	定位,镗 4 孔,然后返回到 R 点
N80 Y − 550.	定位,镗 5 孔,然后返回到 R 点
N90 G98 Y − 750.	定位,镗 6 孔,然后返回初始位置平面
N100 G80	取消固定循环
N110 G28 G91 X0 Y0 Z0	返回到参考点
N120 M5	主轴停止旋转
N130 M30	程序结束

注意事项：

① 必须在改变钻孔轴之前,取消固定循环。

② 在不包含 X,Y,Z,R 或其他轴的程序段中不执行镗加工。

③ 如果系统参数对 Q 指定为负号,则负号将被忽略。

④ 不能在同一程序段中指定 01 组 G 代码 G00 到 G03 或 G60 和 G76,否则 G76 将被取消,同时出现报警。

六、综合实例

如图 4-6-7 所示,#1 ~ 6 钻孔直径为 φ10,#7 ~ 10 钻孔直径为 φ20,#11 ~ 13 镗孔直径为 φ95。孔的深度如图 4-6-8 所示,刀具长度如图 4-6-9 所示,长度补偿偏置号 H11 的值为 200,偏置号 H15 的值为 190,偏置号 H31 的值为 150。

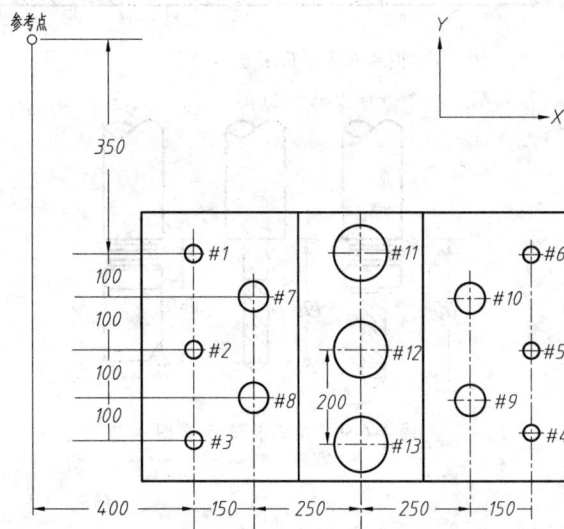

图 4-6-7 直径大小示意图

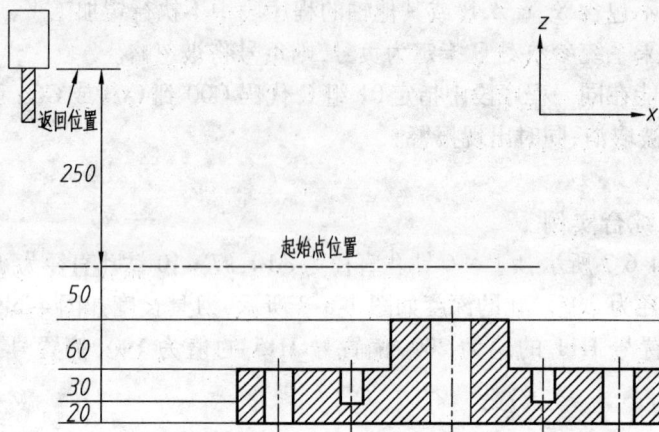

图 4-6-8　孔深度示意图

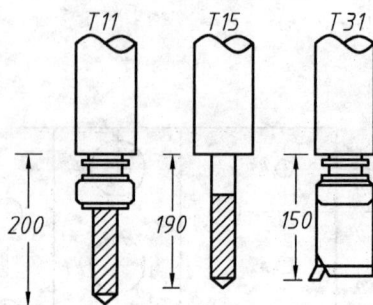

图 4-6-9　刀具长度示意图

程序如下：

O00005

N001 G54　　　　　　　　　　　　　　建立加工坐标系

N002 G90 G00 Z250 T11 M6　　　　　　换刀

N003 G43 Z0 H11　　　　　　　　　　　在初始点进行平面刀具长度补偿

N004 S300 M3　　　　　　　　　　　　主轴启动

N005 G99 G81 X400 Y－350 Z－153 R－97 F120

　　　　　　　　　　　　　　　　　　定位后加工#1 孔

N006 Y－550　　　　　　　　　　　　　定位后加工#2 孔，返回 R 点平面

N007 G98 Y－750　　　　　　　　　　　定位后加工#3 孔，返回初始点平面

N008 G99 X1200　　　　　　　　　　　定位后加工#4 孔，返回 R 点平面

N009 Y－550　　　　　　　　　　　　　定位后加工#5 孔，返回 R 点平面

N010 G98 Y－350　　　　　　　　　　　　定位后加工#6 孔，返回初始点平面

N011 G00 X0 Y0 M5　　　　　　　　　　　返回参考点，主轴停

N012 G49 Z250 T15 M6　　　　　　　　　　取消刀具长度补偿，换刀

N013 G43 Z0 H15　　　　　　　　　　　　初始点平面，刀长补偿

N014 S200 M3　　　　　　　　　　　　　主轴启动

N015 G99 G82 X550 Y－450 Z－130 R－97 P30 F70

　　　　　　　　　　　　　　　　　　　定位后加工#7 孔，返回 R 点平面

N016 G98 Y－650　　　　　　　　　　　　定位后加工#8 孔，返回初始点平面

N017 G99 X1050　　　　　　　　　　　　定位后加工#9 孔，返回 R 点平面

N018 G98 Y－450　　　　　　　　　　　　定位后加工#10 孔，返回初始点平面

N019 G00 X0 Y0 M5　　　　　　　　　　　返回参考点，主轴停

N020 G49 Z250 T31 M6　　　　　　　　　　取消刀具长度补偿，换刀

N021 G43 Z0 H31　　　　　　　　　　　　初始点平面刀长补偿

N022 S100 M3　　　　　　　　　　　　　主轴启动

N023 G85 G99 X800 Y－350 Z－153 R47 F50

　　　　　　　　　　　　　　　　　　　定位后加工#11 孔，返回 R 点平面

N024 G91 Y－200

Y－200　　　　　　　　　　　　　　　定位后加工#12、#13 孔，返回 R 点平面

N025 G00 G90 X0 Y0 M5　　　　　　　　　返回参考点，主轴停

N026 G49 Z0　　　　　　　　　　　　　取消刀具长度补偿

N027 M30　　　　　　　　　　　　　　程序停

课题七　综合练习

如图 4-7-1 所示工件,在 120 mm × 120 mm 的平板上铣方槽和半圆槽,但深度不同。按要求进行工艺分析并编写程序。

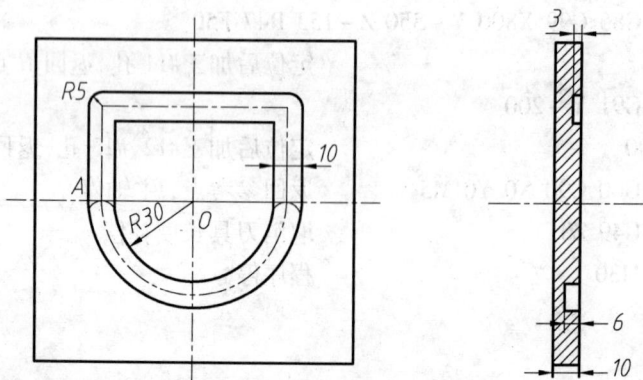

图 4-7-1　综合练习

1. 准备工作

实验设备及工具:

数控铣床;刀具(立铣刀、端面铣刀、铰刀、镗刀);量具(游标卡尺、游标深度尺);夹具(平口虎钳);

2. 零件工艺路线

经工艺分析,制定该零件工艺路线为粗铣顶面→铣半圆→铣长方形槽→铣半圆槽,填写如下卡片:

① 数控加工工序综合卡片,见表 4-7-1。

表 4-7-1　数控加工工序综合卡片

数控加工工序综合卡片		零件名称		板	编制		王有安
程序号	O1111	零件号		20204	日期		2011.6.9
工步号	工步内容	刀具名称			切削用量		
		刀具号	长度补偿	半径补偿	S（m/min）	F（mm/min）	切深（mm）
1	粗铣顶面	端面铣刀（φ125）			V =90 m/min	F =0.2 mm/齿	2.5
		T01	62.5		270	300	
2	铣半圆、长方形槽	键槽铣刀（φ10）			V =90 m/min	F =0.2 mm/齿	3
		T02	5		400	100	
3	铣半圆槽	键槽铣刀（φ10）			V =20 m/min	F =0.15 mm/齿	3
		T02	5		400	100	

② 数控加工刀具卡片,见表4-7-2。

表 4-7-2　数控加工刀具卡片

（厂名）		零件名称		板	零件号		20204
数控加工刀具卡片		程序号		O2222	编制		王有安
工步号	编号	刀片名称	刀柄型号	刀具尺寸（mm）		补偿号	
				直径	长度	D	H
1	01	可转位端面铣刀	40B7 – 80	φ 125	70	02	
2	02	两刃立铣刀	40B7 – QQ1 – 75	φ 10	60	02	

3. 走刀路线

走刀路线见图4-7-2(虚线)。

4. 程序编制

粗铣顶面:

O1111

N10 G54 G90 G00 X – 140. Y0.

N20 M03 S270

N30 Z10.

N40 G01 Z0 F300

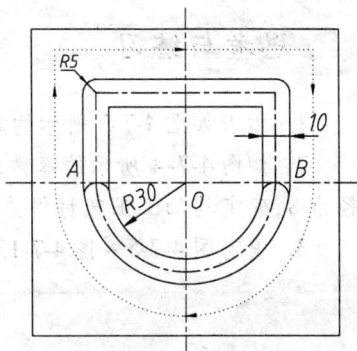

图 4-7-2　走刀路线图

N50 X130. F100

N60 G00 Z10.

N70 M05

N80 M30

铣槽:

O2222

N10 G54 G00 G90 X－30. Y30.

N20 M03 S400

N30 Z10.

N40 G01 Z－3. F100

N50 X30. F100

N60 Y0.

N70 G02 X－30. R30.

N80 G01 Y30.

N90 G00 Z50.

N100 G00 G90 X30. Y0.

N110 G01 Z－6. F100

N120 G02 X－30. R30. F100

N130 G00 Z50.

N140 M05

N150 G91 G28 Z0.

N160 G28 X0. Y0.

N170 M30

？ 思考与练习

1. 加工如图4-7-3所示的零件,确定加工工艺过程并编程。

2. 如图4-7-4所示的零件,为毛坯尺寸330×220×8的钢板,铣刀半径为8,确定其加工工艺过程并编程。

3. 确定图4-7-5～图4-7-13零件的加工工艺过程并编程。

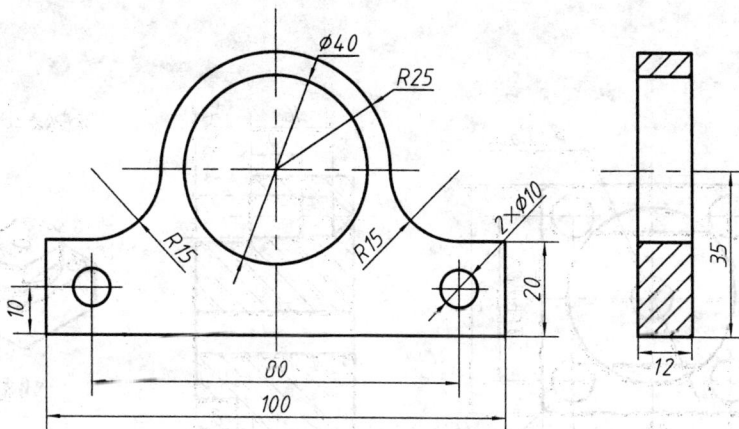

图 4-7-3　零件示意图

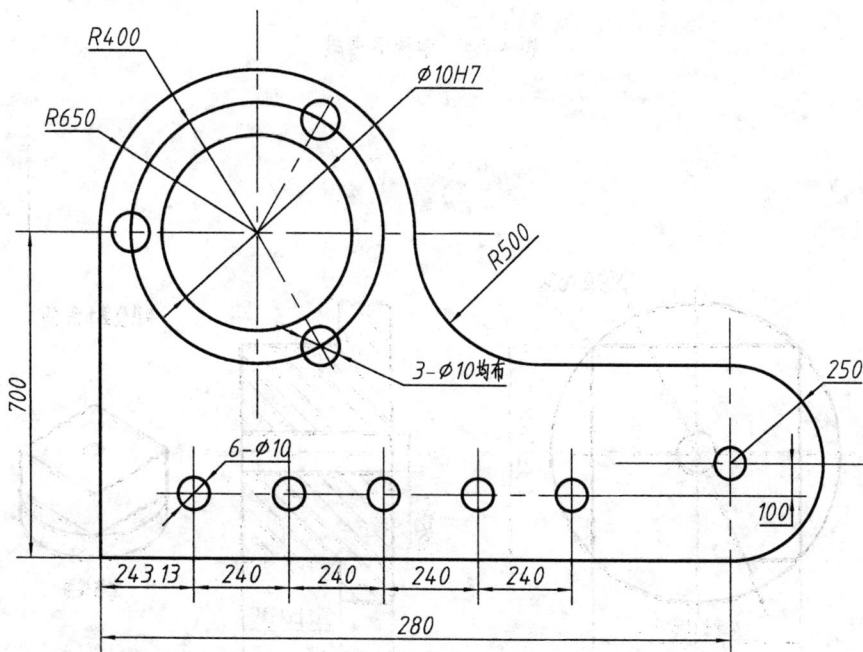

图 4-7-4　零件示意图

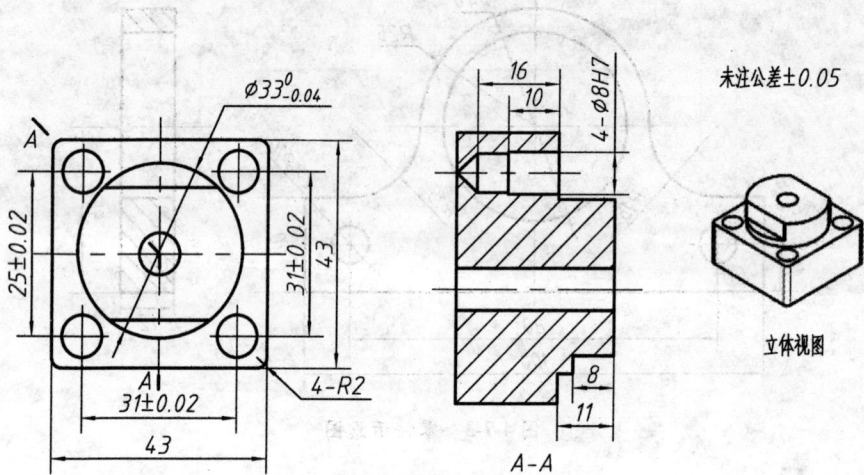

$\emptyset 33_{-0.04}^{0}$

25 ± 0.02

31 ± 0.02

43

31 ± 0.02

43

4-R2

16

10

4-$\emptyset$8H7

未注公差±0.05

立体视图

8

11

A-A

图 4-7-5　零件示意图

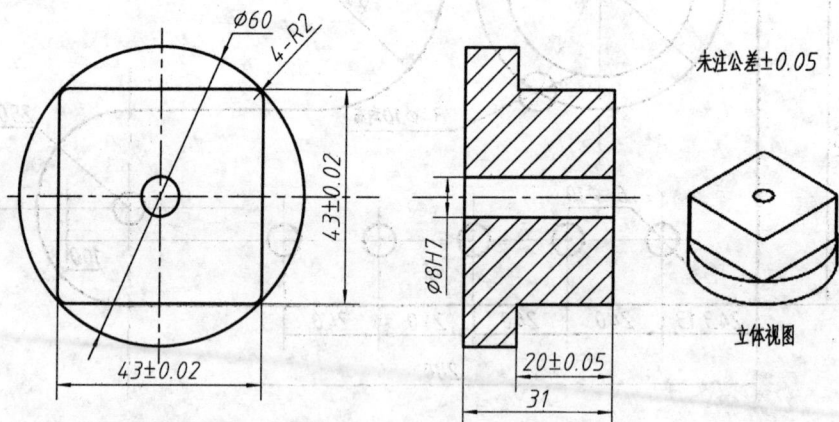

$\emptyset 60$

4-R2

43 ± 0.02

$\emptyset$8H7

43 ± 0.02

未注公差±0.05

立体视图

20 ± 0.05

31

图 4-7-6　零件示意图

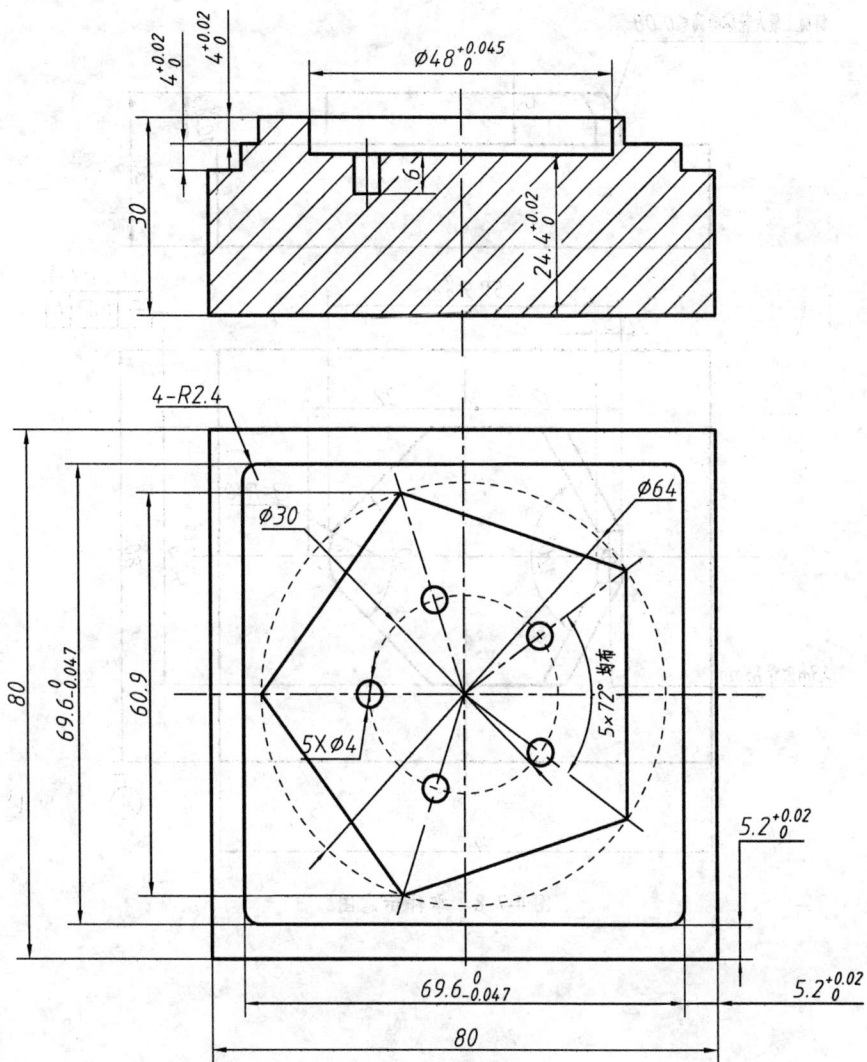

图 4-7-7　零件示意图

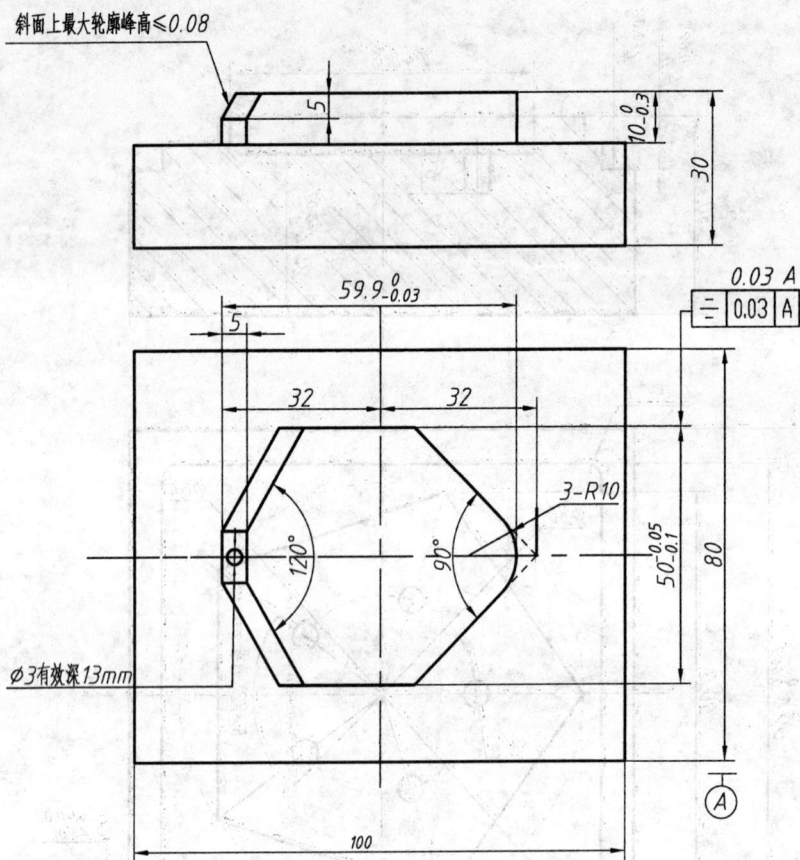

斜面上最大轮廓峰高≤0.08

$10_{-0.3}^{0}$

30

5

$59.9_{-0.03}^{0}$

$\begin{array}{|c|c|c|}\hline \doteq & 0.03 & A \\\hline\end{array}$ 0.03 A

5

32

32

3-R10

120°

90°

$50_{-0.1}^{-0.05}$

80

Ø3有效深13mm

100

A

图 4-7-8   零件示意图

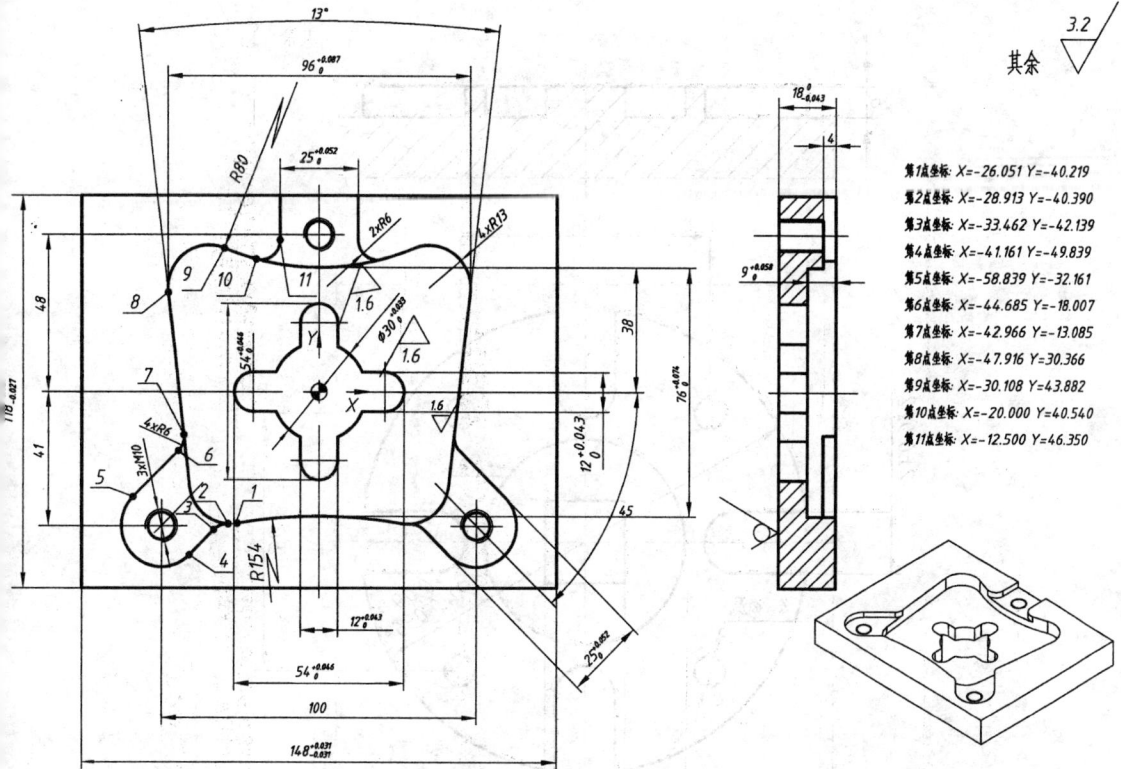

图 4-7-9 零件示意图

第1点坐标 X=-26.051 Y=-40.219
第2点坐标 X=-28.913 Y=-40.390
第3点坐标 X=-33.462 Y=-42.139
第4点坐标 X=-41.161 Y=-49.839
第5点坐标 X=-58.839 Y=-32.161
第6点坐标 X=-44.685 Y=-18.007
第7点坐标 X=-42.966 Y=-13.085
第8点坐标 X=-47.916 Y=30.366
第9点坐标 X=-30.108 Y=43.882
第10点坐标 X=-20.000 Y=40.540
第11点坐标 X=-12.500 Y=46.350

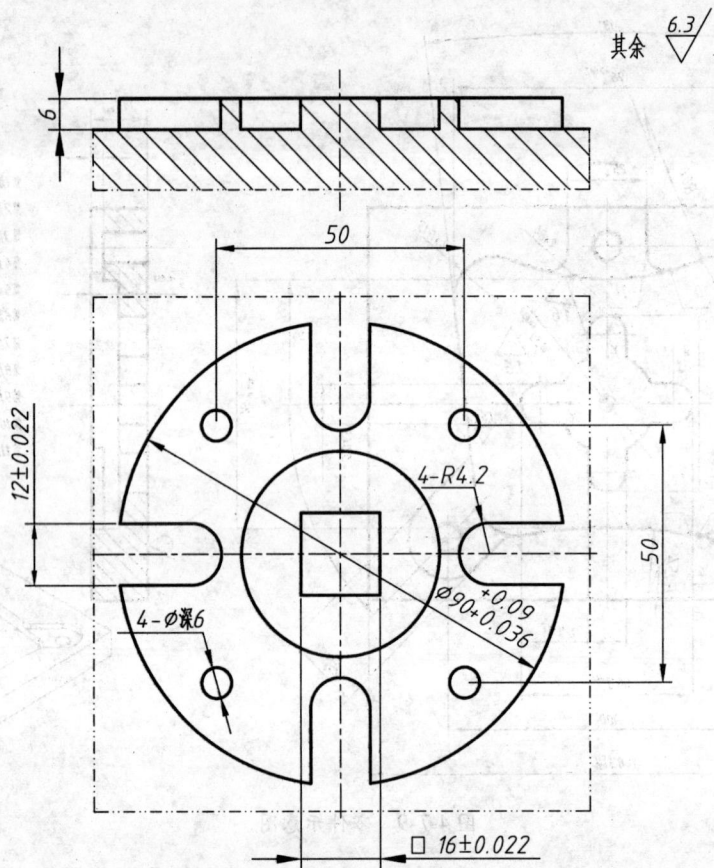

其余 6.3

50

12±0.022

4-R4.2

50

4-Ø深6

Ø90$^{+0.09}_{+0.036}$

□ 16±0.022

技术要求

毛坯尺寸100×100

图 4-7-10 零件示意图

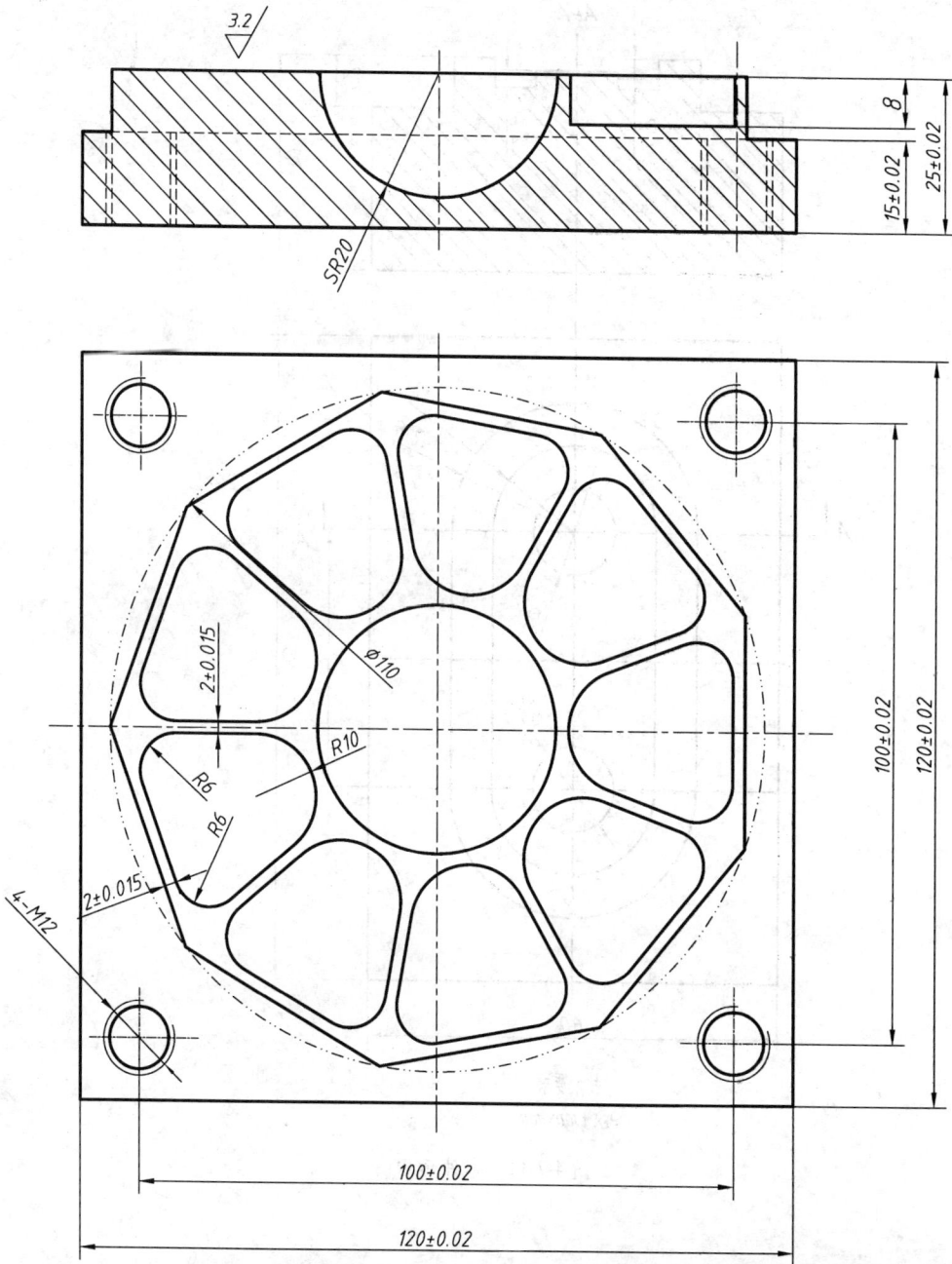

图 4-7-11　零件示意图

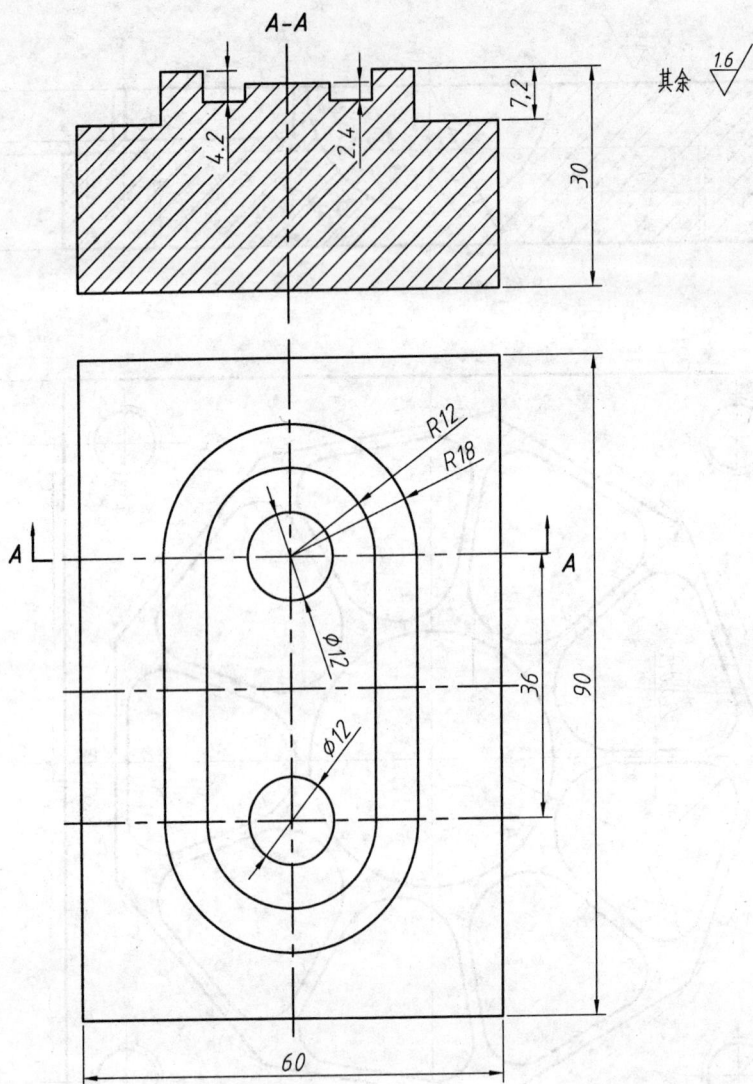

$A-A$

4.2

2.4

7.2

30

其余 $\dfrac{1.6}{\bigtriangledown}$

R12
R18
A
A
$\phi12$
$\phi12$
36
90
60

技术要求

毛坯尺寸100×100

图 4-7-12 零件示意图

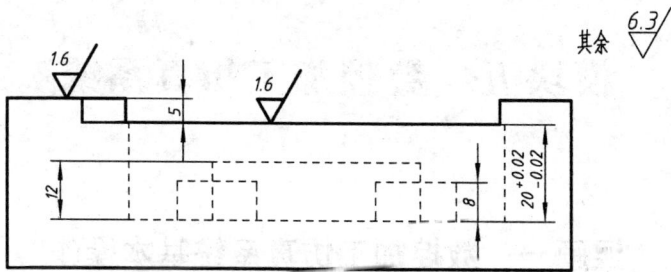

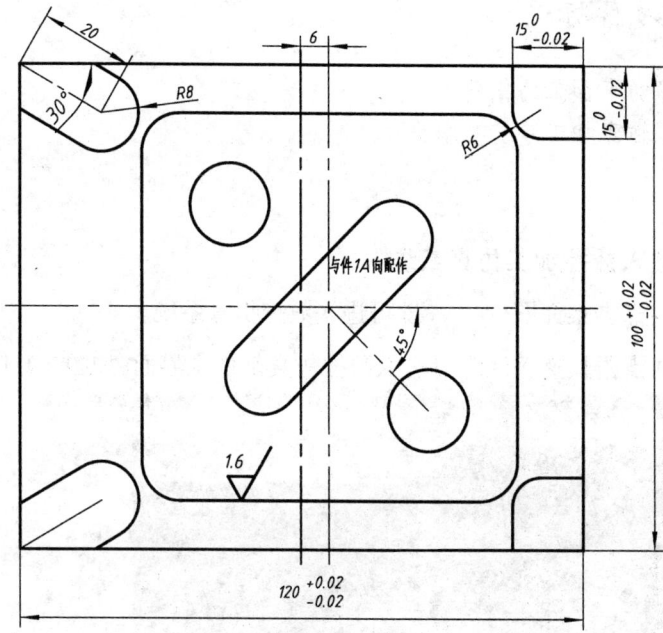

其余 6.3

1.6

1.6

5

12

8

20 +0.02 -0.02

20

30°

R8

6

15 0 -0.02

15 0 -0.02

R6

100 +0.02 -0.02

与件1A向配作

65°

1.6

120 +0.02 -0.02

技术要求

毛坯尺寸100×100

图 4-7-13　零件示意图

模块五　数控加工仿真系统

课题一　数控加工仿真系统基本操作

🖐 **学习目标**

① 了解仿真加工的作用。
② 掌握仿真加工系统基本操作。

一、进入数控加工仿真系统

第一步:点击桌面图标 [数控加工仿真系统] 即可进入数控仿真系统。

第二步:点击快速登录即可进入数控仿真软件主界面,如图 5-1-1 所示。

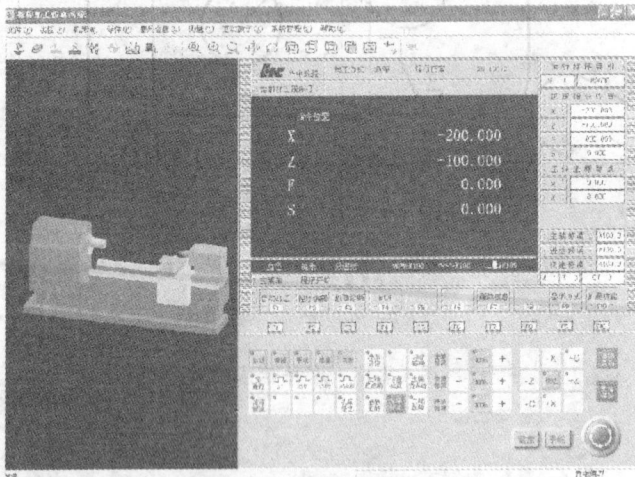

图 5-1-1　仿真软件主界面

第三步:打开机床菜单(如图 5-1-2 所示),或者点击工具条上的小图标 ⌨ ,在"选择机床"对话框中选择相应的机床类型、厂家及型号,此时界面如图 5-1-3 所示。

图 5-1-2　机床菜单

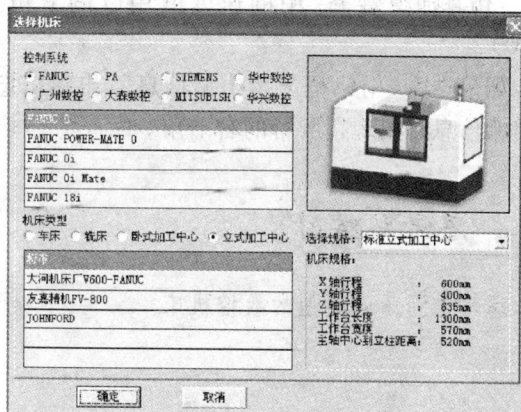

图 5-1-3　选择机床的界面

二、 数据加工仿真系统基本操作

1. 视图的选择

工具栏中的 🔍 🔍 🔍 ✛ 🔄 🗗 🗗 🗗 🗗 分别对应于菜单视图下拉菜单的"复位"、"局部放大"、"动态缩放"、"动态平移"、"动态旋转"、""左侧视图"、"右侧视图"、"俯视图"、"前视图"。此外,也可将光标置于机床显示区域内,单击鼠标右键并在弹出浮动菜单进行相应选择。将鼠标移至机床显示区,拖动鼠标以进行相应操作。

2. 控制面板切换

在视图菜单或浮动菜单中选择"控制面板切换",或在工具条中点击 ⇆ ,即完成控制面板切换。

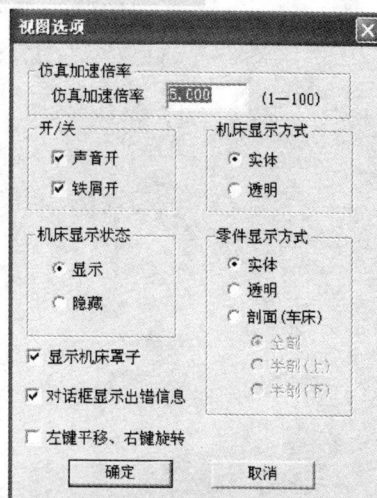

图 5-1-4　视图选项界面

3."选项"对话框

在视图菜单或浮动菜单中选择"选项"或在工具条中选择 ☰ ,在对话框中进行设置,如图5-1-4所示。其中透明显示方式可方便观察内部加工状态。

"仿真加速倍率"中的速度值用以调节仿真速度,有效数值范围从1到100。

如果选中"对话框显示出错信息",出错信息提示将出现在对话框中,否则出错信息将出现在屏幕的右下角。

? 思考与练习

练习选择不同类型的数控机床。

课题二　数控铣床仿真系统的使用

🐍 学习目标

① 了解数控铣床仿真系统毛坯的定义。
② 掌握数控铣床仿真系统刀具的选择方法。
③ 掌握数控铣床仿真系统程序的输入与加工方法。
④ 掌握数控铣床仿真系统工件的测量方法。

一、定义毛坯

打开菜单"零件/定义毛坯"或在工具条上选择"⬚"，系统打开图 5-2-1 对话框。

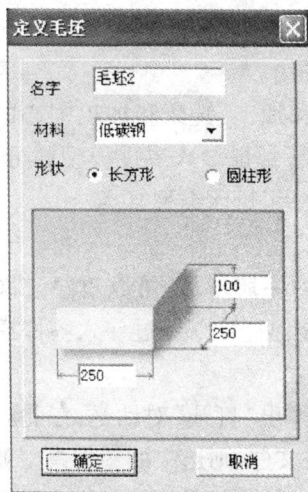

长方形毛坯定义　　　　　　圆柱形毛坯定义

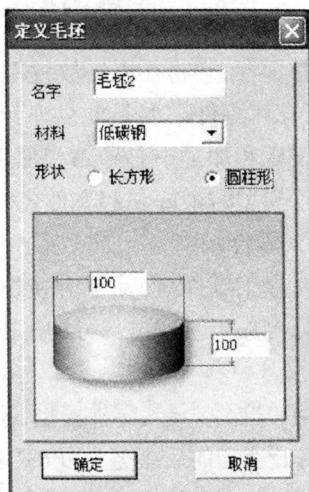

图 5-2-1　毛坯定义界面

① 名字输入。在毛坯名字输入框内输入毛坯名，也可以使用缺省值。

② 选择毛坯形状。铣床、加工中心有长方形毛坯和圆柱形毛坯两种形状的毛坯供选择，可以在"形状"下拉列表中选择毛坯形状。

③ 选择毛坯材料。毛坯材料列表框中提供了多种供加工的毛坯材料,可根据需要在"材料"下拉列表中选择毛坯材料。

④ 参数输入。尺寸输入框用于输入尺寸。圆柱形毛坯直径的范围为10 mm ~ 160 mm,高度的范围为10 mm ~ 280 mm;长方形毛坯长和宽的范围为10 mm ~ 1 000 mm,高度的范围为10 mm ~ 200 mm。

⑤ 保存退出。按确定按钮,保存定义的毛坯并且退出本操作。

⑥ 取消退出。按取消按钮,退出本操作。

二、零件类型及加工测量方法

1．导出零件模型

导出零件模型相当于保存零件模型,利用这个功能,可以把经过部分加工的零件作为成型毛坯予以存放。如图5-2-2所示,此毛坯已经过部分加工,称为零件模型。用户可通过导出零件模型功能予以保存。

若希望经过部分加工的成型毛坯作为零件模型予以保存,可打开菜单文件/导出零件模型,系统弹出"另存为"对话框,在对话框中输入文件名,此零件模型即被保存,它将在以后放置零件时调用。

图 5-2-2 零件模型

注意,车床零件模型只能供车床导入和加工,铣床和加工中心的零件模型只能供铣床和加工中心导入和加工。为了保证导入零件模型的可加工性,在导出零件模型时最好在起文件名时合理标识机床类型。

2．导入零件模型

机床在加工零件时,除了可使用完整的毛坯外,还可以对经过部分加工的毛坯进行再加工。经过部分加工的零件模型,可以通过导入零件模型的功能调用。

打开菜单文件/导入零件模型,系统将弹出"打开"对话框,在此对话框中选择并且打开所需的后缀名为"PRT"的零件文件,则选中的零件模型被放置在工作台面上。此类文件为已通过"文件/导出零件模型"所保存的成型毛坯。

3．选择夹具

打开菜单零件/安装夹具命令或者在工具条上选择图标 ,系统将弹出"选择夹具"对话框。只有铣床和加工中心可以选择夹具。

在"选择零件"列表框中选择毛坯,在"选择夹具"列表框中选夹具。

长方形零件可以使用工艺板或者平口钳,分别如图 5-2-3 和 5-2-4 所示。

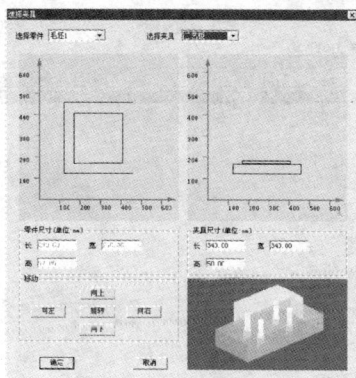

图 5-2-3　选择工艺板　　　　　图 5-2-4　选择平口钳

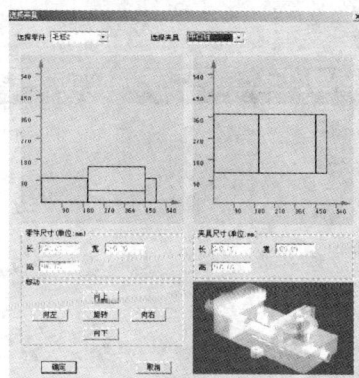

圆柱形零件可以选择工艺板或者卡盘,如图 5-2-5 和 5-2-6 所示。

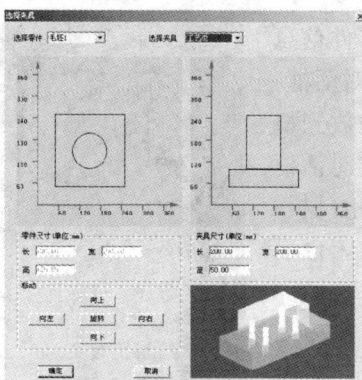

图 5-2-5　选择工艺板　　　　　图 5-2-6　选择卡盘

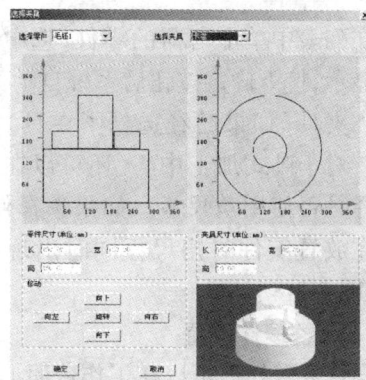

"夹具尺寸"成组控件内的文本框仅供用户修改工艺板的尺寸。平口钳和卡盘的尺寸由系统根据毛坯尺寸给出定值;工艺板长和宽的范围为 50 mm 至 1 000 mm,高度范围为 10 mm 至 100 mm。

"移动"成组控件内的按钮可调整毛坯在夹具上的位置。

车床没有以上操作,铣床和加工中心可以不使用夹具。

4．放置零件

打开菜单零件/放置零件命令或者在工具条上选择图标,系统将弹出操作对话框,如图 5-2-7 所示。

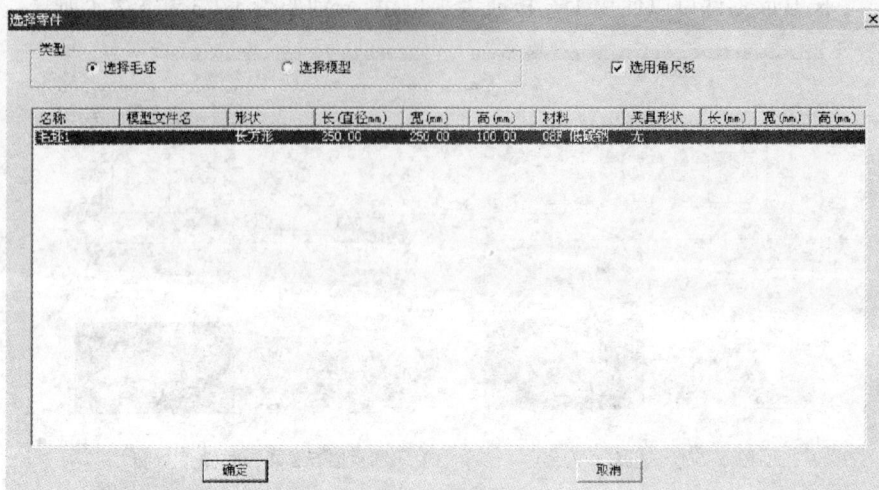

图 5-2-7　"选择零件"对话框

在列表中单击所需的零件,选中的零件信息加亮显示,按下确定按钮后系统自动关闭对话框,零件和夹具(如果已经选择了夹具)将被放到机床上。对于卧式加工中心,还可以在上述对话框中选择是否使用角尺板。如果选择使用角尺板,那么在放置零件时角尺板同时出现在机床台面上,如图 5-2-8 所示。

5. 调整零件位置

零件放置好后可以在工作台面上移动。毛坯放上工作台后,系统将自动弹出一个小键盘(见图 5-2-9),通过点击小键盘上的方向按钮,实现零件的平移和旋转。小键盘上的退出按钮用于关闭小键盘。选择菜单零件/移动零件也可以打开小键盘。

6. 使用压板

铣床和加工中心在使用工艺板或者不使用夹具时可以使用压板。

(1) 安装压板

打开菜单零件/安装压板。系统打开"选择压

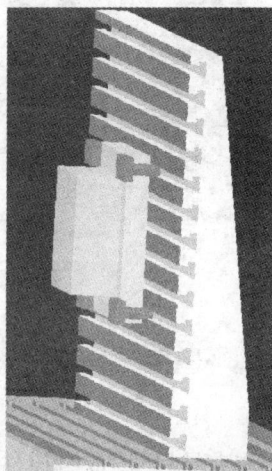

图 5-2-8　使用角尺板

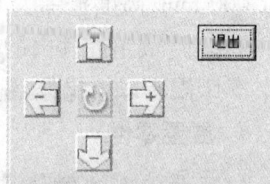

图 5-2-9　小键盘

板"对话框,如图 5-2-10 所示。

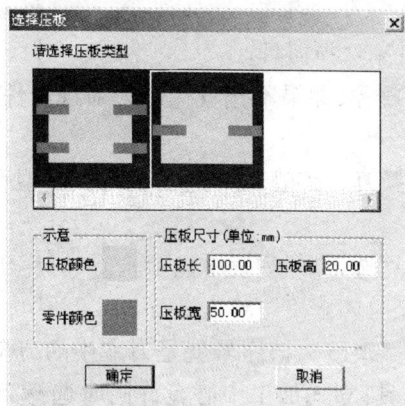

图 5-2-10 "选择压板类型"对话框   图 5-2-11 压板设置界面

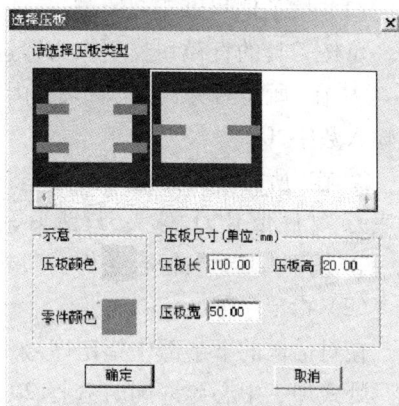

　　根据放置零件的尺寸,对话框中列出支持该零件的各种安装方案,拉动滚动条可以浏览全部可能的方案,默认选择为第一种方案。选择所需要的安装方案,按下"确定"后压板将出现在台面上。

　　在"压板尺寸"中可更改压板长、高、宽,其范围为:长 30 ~ 100 mm,高 10 ~ 20 mm,宽 10 ~ 50 mm。

　　(2) 移动压板

　　打开菜单零件/移动压板,系统弹出小键盘,如图 5-2-12 所示,操作者可以根据需要平移压板(但是不能旋转压板,小键盘中间的旋转按钮无效)。首先用鼠标选择需移动的压板,被选中的压板颜色变成灰色,然后按动小键盘中的方向按钮操纵压板移动。移动压板时被选中的压板颜色变成灰色。

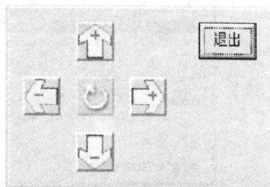

图 5-2-12 压板移动界面

　　(3) 拆除压板

　　打开菜单零件/拆除压板,可拆除压板。

7. 选择刀具

　　打开菜单机床/选择刀具或者在工具条中选择 ▮▮,系统弹出刀具选择对话框。它允许用户修改刀具长度。刀具长度是指从刀尖开始到刀架的距离。刀具长度的范围为 60 ~ 300 mm。

8．铣床和加工中心选刀

（1）按条件列出工具清单

可按刀具的直径和类型作为筛选条件来选择刀具。

① 在"所需刀具直径"输入框内输入直径，如果不把直径作为筛选条件，请输入数字"0"。

② 在"所需刀具类型"选择列表中选择刀具类型，可供选择的刀具类型有平底刀、平底带 R 刀、球头刀、钻头等。

③ 按下"确定"，符合条件的刀具在"可选刀具"列表中显示。

（2）指定序号

在对话框的下半部中指定序号（见图 5-2-13），该序号就是刀库中的刀位号。卧式加工中心允许同时选择 20 把刀具；立式加工中心允许同时选择 24 把刀具；铣床只能放置 1 把刀。

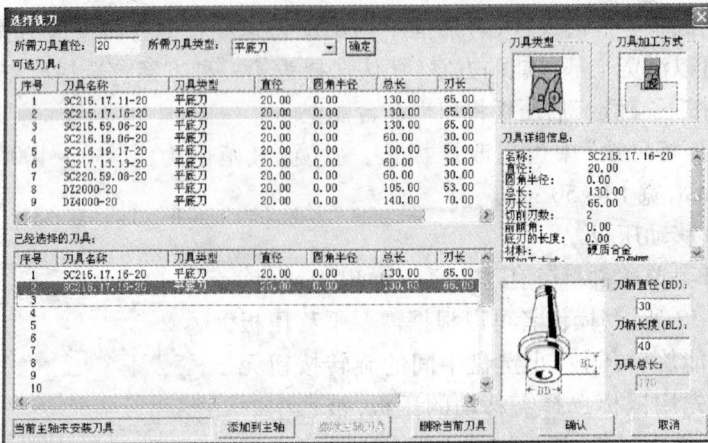

图 5-2-13 加工中心指定刀位号

（3）选择需要的刀具

加工中心装载刀位号最小的刀具，其余刀具放在刀架上并通过程序调用。先单击已经选择刀具列表中的刀位号，再选择可选刀具列表中所需的刀具，选中的刀具对应显示在已经选择刀具列表中选中的刀位号所在行，按下确定完成刀具选择。刀位号最小的刀具被装在主轴上，立式加工中心暂不装载刀具。刀具选择后应放在刀架上，供程序调用。

（4）输入刀柄参数

操作者可以按需要输入刀柄参数。参数有直径和长度，其中总长度是刀柄长度与刀具长度之和。

刀柄直径的范围为 0 ~ 1 000 mm;刀柄长度的范围为 0 ~ 1 000 mm。

（5）删除当前刀具

按删除当前刀具,可删除此时已选择的刀具列表中光标停留的刀具。

（6）确认选刀

选择完刀具,完成刀尖半径(钻头直径)、刀具长度修改后,按确认键完成选刀,刀具被装在主轴上或按所选刀位号放置在刀架上;按取消键退出选刀操作。

9.铣床零件测量

铣床或加工中心加工零件时,通过选择零件上某一平面,利用卡尺测量该平面上的尺寸。

点击菜单测量\剖面图测量弹出对话框,如图 5-2-14 所示。

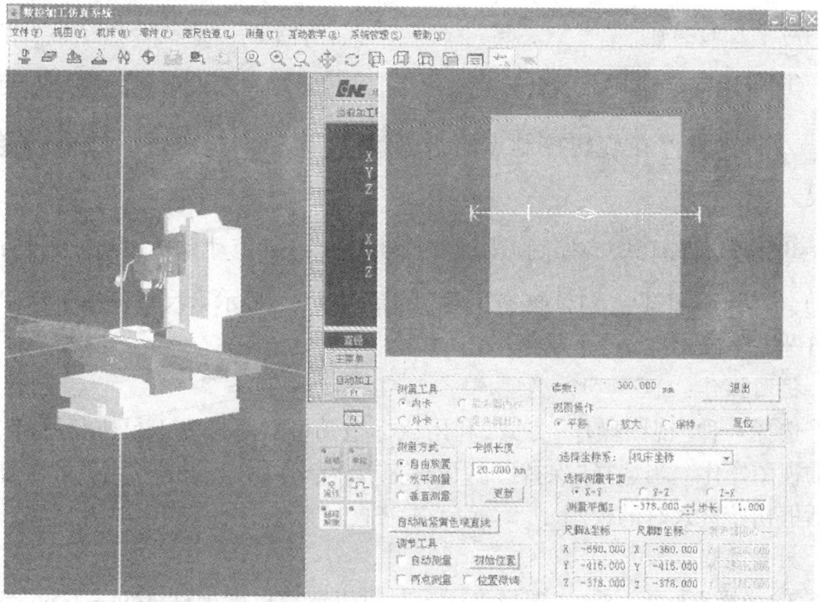

图 5-2-14 "测量\剖面图测量"的对话框

测量时应首先选择一个平面,在左侧的机床显示视图中绿色的透明表面表示所选的测量平面,在右侧本测量对话框上部显示零件的截面形状。

图 5-2-15 中的标尺模拟了现实测量中的卡尺,当箭头由卡尺外侧指向卡尺中心时为外卡测量,它通常用于测量外径,测量时卡尺内收直到与零件接触;当箭头由卡尺中心指向卡尺外侧时为内卡测量,它通常用于测量内径,测

量时卡尺外张直到与零件接触。对话框"读数"处显示的是两个卡爪的距离，相当于卡尺读数。

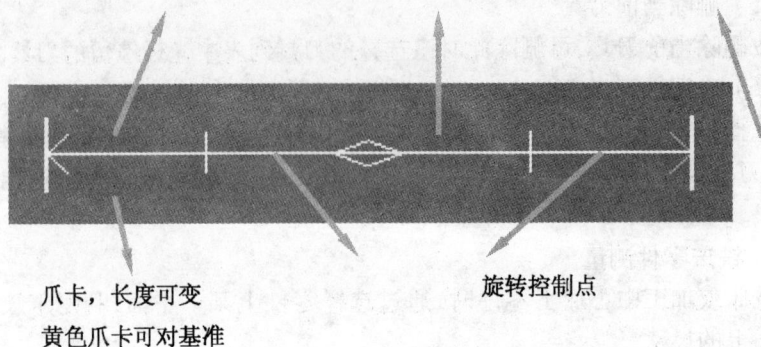

爪卡，长度可变
黄色爪卡可对基准

旋转控制点

图 5-2-15　标尺

对卡尺的操作：

① 将光标停在某个端点的箭头附近，鼠标变为 ✛，此时可移动该端点。

② 将光标停在旋转控制点附近，鼠标变为 ↻，这时可以绕中心旋转卡尺。

③ 将鼠标停在中心控制点附近，鼠标变为 ✛，拖动鼠标，保持卡尺方向不动，移动卡尺中心。对话框右下角"尺脚 A 坐标"显示卡尺黄色端坐标；"尺脚 B 坐标"显示卡尺蓝色端坐标。

视图操作：

选择一种"视图操作"方式，利用鼠标拖动可对零件及卡尺进行平移、放大的视图操作。当选择"保持"时，鼠标拖放不起作用。点击"复位"可恢复为对话框初始进入时的视图。

测量过程：

① 选择坐标系：通过"选择坐标系"，可以选择机床坐标、G54～G59、当前工件坐标、工件坐标系（毛坯的左下角）几种不同的坐标系，显示坐标值。

② 选择测量平面：首先选择平面方向（$XY/YZ/XZ$），再填入测量平面的具体位置，或者按旁边的上下按钮移动测量平面，移动的步长可以通过右边的输入框输入。在图 5-2-16 中，需要选择 G54 坐标系下，$Z = -4.000$ 平面，首先选择 $X-Y$ 平面，在"测量平面 Z"中输入"-4.000"，机床视图中的绿色透明平面和对话框视图中截面形状随之更新。

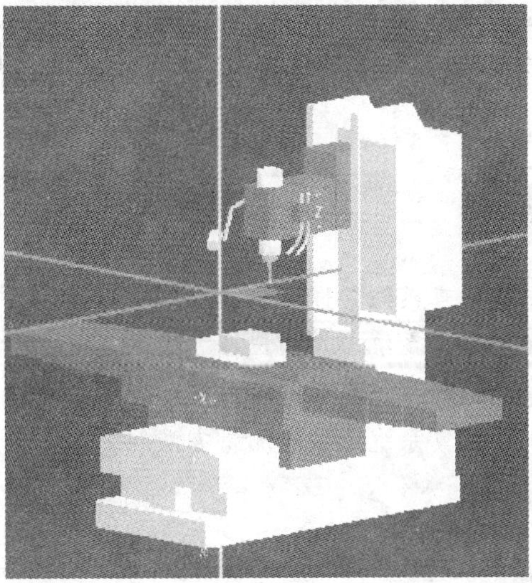

图 5-2-16　选择测量平面

③ 选择卡尺类型：测量内径选用内卡，测量外径选用外卡。

④ 选择测量方式："水平测量"是指卡尺在当前的测量平面内保持水平放置；"垂直测量"是指卡尺在当前的测量平面内保持垂直放置；"自由放置"可以使用户随意拖动放置角度。

⑤ 确定卡尺的长度：非两点测时可以修改卡尺长度，点击"更新"时生效。

⑥ 使用调节工具调节卡尺位置，获取卡尺读数。

⑦ 自动测量：选中该选项后外卡卡爪自动内收，内卡卡爪自动外张直到与零件边界接触。此时平移或旋转卡尺，卡尺将始终与实体区域边界保持接触，读数自动刷新。

⑧ 两点测量：选中该选项后，卡尺长度为零。

⑨ 位置微调：选中该选项后，鼠标拖动时移动卡尺的速度放慢。

⑩ 初始位置：按下该按钮，卡尺的位置恢复到初始状态。

⑪ 自动贴紧黄色端直线：当卡尺自由放置且非两点测量时，为了调节卡尺使之与零件相切，它提供了"自动贴紧黄色端直线"的功能。按下按钮"自动贴紧黄色端直线"，卡尺的黄色端卡爪自动沿尺身方向移动直到碰到零件，然后尺身旋转使卡尺与零件相切，此时再选择自动测量就能得到工件轮廓线间的精确距离。这样可防止自由放置卡尺时产生的角度误差。

课题三　数控车床仿真系统的使用

🎯 **学习目标**

① 了解数控车床仿真系统毛坯的定义。
② 掌握数控车床仿真系统刀具的选择方法。
③ 掌握数控车床仿真系统程序的输入与加工方法。
④ 掌握数控车床仿真系统工件的测量方法。

一、定义毛坯

打开菜单零件/定义毛坯或在工具条上选择 ⬜ ，系统打开对话框，如图 5-3-1 所示。

① 名字输入。在毛坯名字输入框内输入毛坯名，也可以使用缺省值。

② 选择毛坯形状。车床仅提供圆柱形毛坯。

③ 选择毛坯材料。毛坯材料列表框中提供了多种供加工的毛坯材料，可根据需要在"材料"下拉列表中选择毛坯材料。

④ 参数输入。尺寸输入框用于输入尺寸。圆柱形毛坯直径的范围为 10 ~ 160 mm，高度的范围为 10 ~ 280 mm。

⑤ 保存退出。按确定按钮，保存定义的毛坯并且退出本操作。

⑥ 取消退出。按取消按钮，退出本操作。

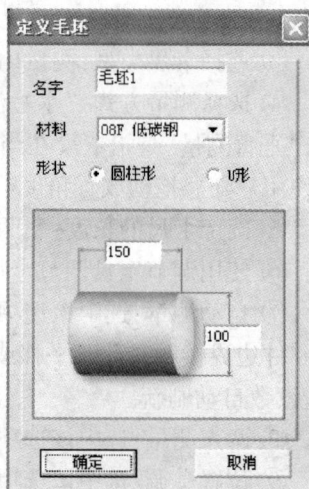

图 5-3-1　对话框

二、零件类型及加工测量方法

1. 导出零件模型

车床导出零件模型与课题二中铣床导出零件模型的方法相同。

2．导入零件模型

车床导入零件模型与课题二中铣床导入零件模型方法相同。

3．使用夹具

车床没有这一步操作。

4．放置零件

打开菜单零件/放置零件命令或者在工具条上选择图标 ⚒，系统将弹出操作对话框，如图 5-3-2 所示。

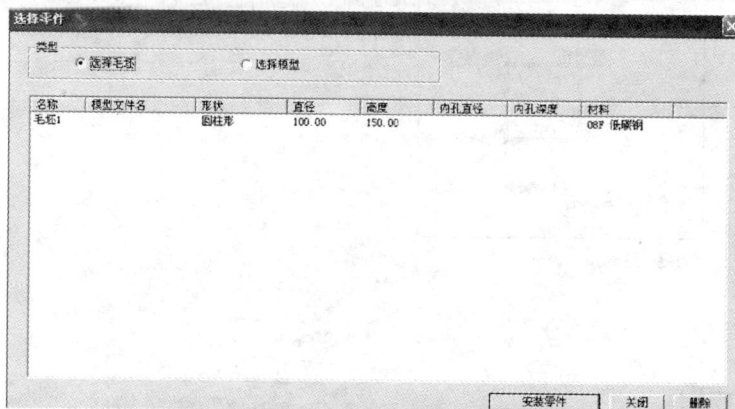

图 5-3-2 "选择零件"对话框

在列表中单击所需的零件，选中的零件信息加亮显示，按下安装零件按钮，系统自动关闭对话框，零件将被放到机床上，此时弹出如图 5-3-3 所示的窗口。

图 5-3-3 "移动零件"对话框

5．调整零件位置

零件放置好后可以在卡盘里移动。点击图 5-3-3 中的退出，工件即可被夹紧。

6. 选择刀具

打开菜单"机床/选择刀具"或者在工具条中点击按钮 ，系统弹出刀具选择对话框。

7. 车床选刀

数控车床系统中允许同时安装 4 把刀具，对话框如图 5-3-4 所示。

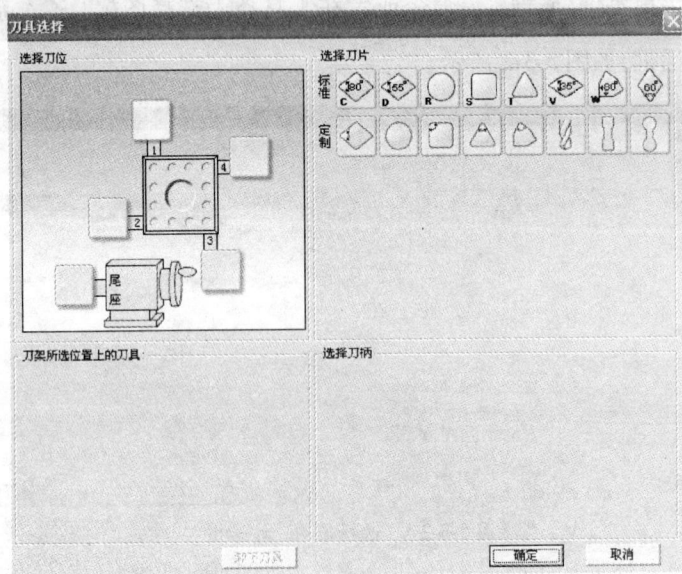

图 5-3-4　车刀选择对话框

（1）选择车刀

① 在对话框左侧排列的编号 1 ~ 4 中，选择所需的刀位号。刀位号即为刀具在车床刀架上的位置编号。被选中的刀位编号的背景颜色变为浅黄色。

② 在刀片列表框中选择了所需的刀片后，系统自动给出相匹配的刀柄供选择。

③ 指定加工方式，可选择内圆加工或外圆加工。

④ 选择刀柄。当刀片和刀柄都选择完毕后，刀具即被确定，并且输入到所选的刀位。刀位号右侧对应的图片框中显示装配完成的完整刀具。

注意，如果在刀片列表框中选择了钻头，系统只提供一种默认刀柄，则刀具已被确定，显示在所选刀位号右侧的图片框中。

（2）刀尖半径修改

允许操作者修改刀尖半径，刀尖半径范围为 0 ~ 10 mm。

（3）刀具长度修改

允许修改刀具长度。刀具长度是指从刀尖开始到刀架的距离,刀具长度的范围为 60~300 mm。

（4）输入钻头直径

当在刀片中选择钻头时,"钻头直径"一栏变亮,允许输入长度,如图 5-3-5 所示。

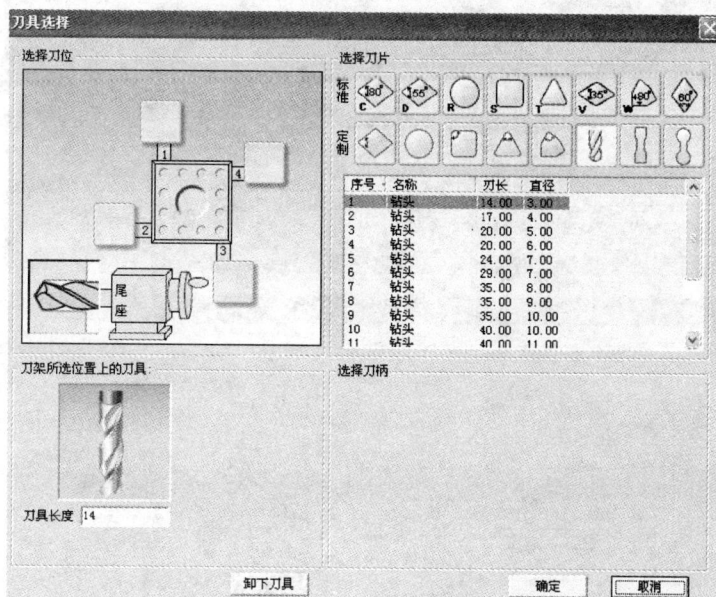

图 5-3-5　刀具选择

（5）删除当前刀具

可通过删除当前刀具键删除在当前选中的刀位号中的刀具。

（6）确认选刀

选择完刀具,完成刀尖半径(钻头直径)、刀具长度修改后按确认退出键即完成选刀,刀具按所选刀位安装在刀架上;按取消退出键退出选刀操作。

注意,选择车刀时刀位号被选中的刀具在确认退出后,放置在刀架上可立即加工零件的位置。

8. 车床零件测量

数控加工仿真系统提供了卡尺以完成对零件的测量。如果当前机床上有零件且零件不处于正在被加工的状态,菜单选择测量\坐标测量...弹出对话框,如图 5-3-6 所示。

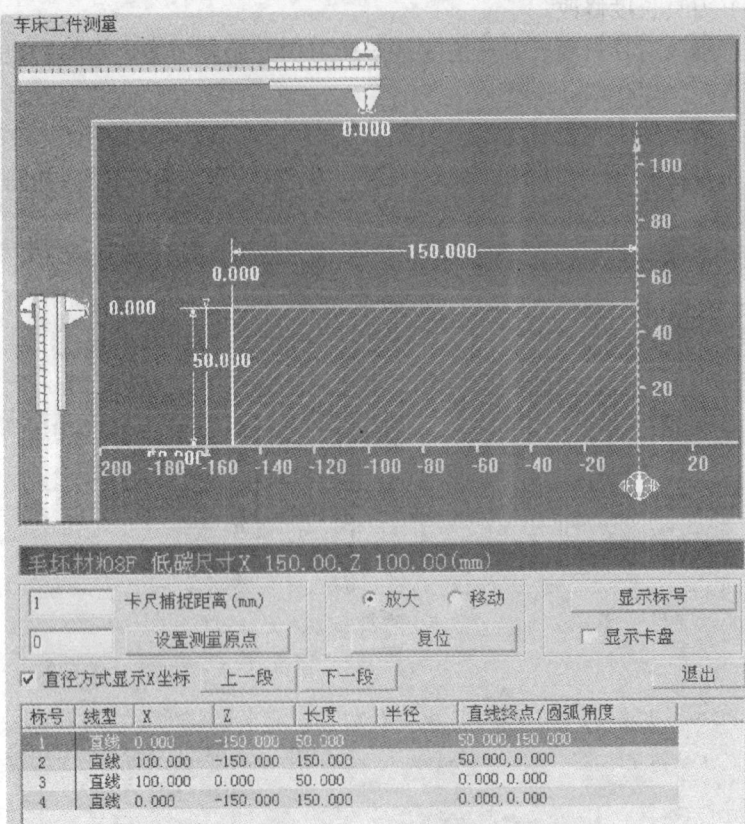

图 5-3-6　车床工件测量

对话框上半部分的视图显示了当前机床上零件的剖面图。坐标系水平方向上以零件轴心为 Z 轴,向右为正方向,默认零件最右端中心为原点,拖动 可以改变 Z 轴的原点位置。垂直方向上为 X 轴,显示零件的半径刻度。Z 方向、X 方向各有一把卡尺用来测量两个方向上的投影距离。

下半部分的列表中显示了组成视图中零件剖面图的各条线段。每条线段包含以下数据:

① 标号:每条线段的编号,点击显示标号按钮,视图中将用黄色标注出每一条线段在此列表中对应的标号。

② 线型:包括直线和圆弧,螺纹将用小段的直线组成。

③ X:显示此线段自左向右的起点 X 值,即直径/半径值。选中直径方式显示 X 坐标,列表中"X"列显示直径,否则显示半径。

④ Z:显示此线段自左向右的起点距零件最右端的距离。

⑤ 长度:线型若为直线,显示直线的长度;若为圆弧,则显示圆弧的弧长。

⑥ 累积长:从零件的最右端开始到线段的终点在 Z 方向上的投影距离。

⑦ 半径:线型若为直线,则不做任何显示;若为圆弧,则显示圆弧的半径。

⑧ 终点/圆弧角度:线型若为直线,显示直线终点坐标;若为圆弧,显示圆弧的角度。

选择一条线段的方法有 3 种:

① 在列表中点击选择一条线段,当前行变蓝,视图中将用黄色标记出此线段在零件剖面图上的详细位置。

② 在视图中点击一条线段,线段变为黄色,且标注出线段的尺寸。对应列表中的一条线段显示变蓝。

③ 点击"上一段"、"下一段"可以进行相邻线段间的切换。视图和列表中相应变为选中状态。

单击退出按钮即可退出此对话框。

❓ 思考与练习

利用数控仿真软件加工出以下工件,如图 5-3-7 至 5-3-10 所示。

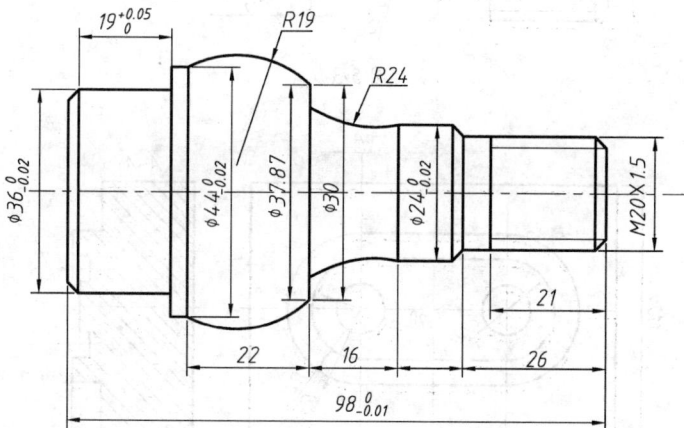

图 5-3-7

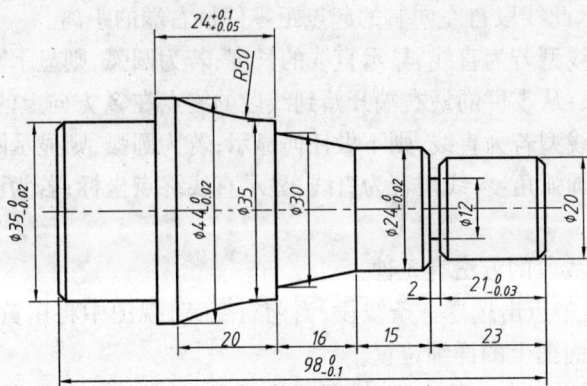

图 5-3-8

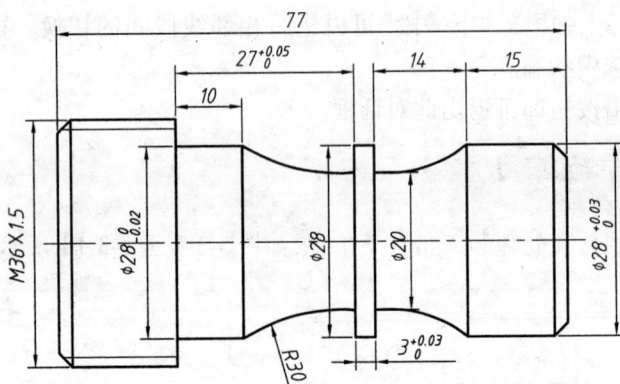

图 5-3-9

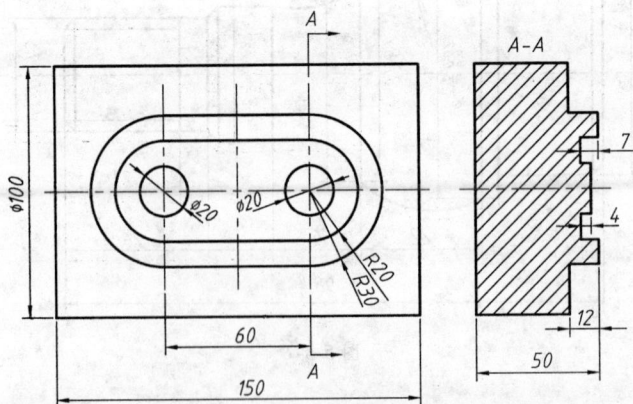

图 5-3-10

模块六　电火花线切割机床操作

课题一　线切割机床基本知识

学习目标

① 了解线切割安全操作规程。
② 了解线切割机床基本结构。
③ 掌握线切割机床参数设置及注意事项。

一、线切割机床安全操作规程

为了保证操作者的人身安全,保证设备安全,操作者必须严格遵守线切割机床安全操作规程:

① 开机前按机床说明书要求,对各润滑点加油。

② 按照线切割加工工艺正确选用加工参数,按规定的操作顺序操作。

③ 用手摇柄转动贮丝筒后,应及时取下手摇柄,防止贮丝筒转动时将手摇柄甩出伤人。

④ 装卸电极丝时,注意防止电极丝扎手。卸下的废丝应放在规定的容器内,防止造成电器短路等故障。

⑤ 停机时,要在贮丝筒刚换向后尽快按下停止按钮,以防止贮丝筒启动时冲出行程引起断丝。

⑥ 应消除工件的残余应力,防止切割过程中工件爆裂伤人。加工前应安装好防护罩。

⑦ 工件安装的位置,应防止电极丝切割到夹具;应防止夹具与线架下臂碰撞;应防止超出工作台的行程极限。

⑧ 不能用手或手持导电工具同时接触工件与床身(脉冲电源的正极与地线),以防触电。

⑨ 禁止用湿手按开关或接触电器部分,防止工作液及导电物进入电器部分。发现因电器短路起火时应先切断电源,用四氯化碳等合适的灭火器灭火,不能用水灭火。

⑩ 在检修时应先断开电源,防止触电。

⑪ 加工结束后断开总电源,擦净工作台及夹具并上油。

二、 线切割机床的组成

数控电火花线切割机床由工作台、走丝机构、供液系统、脉冲电源和控制系统(控制柜)等五大部分组成(见图6-1-1)。

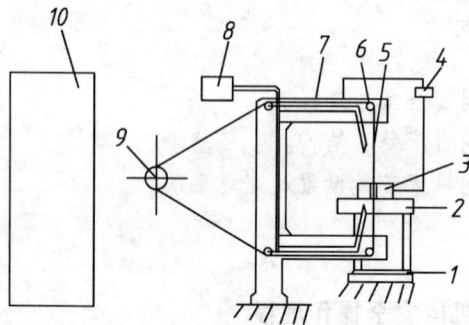

1—工作台；2—夹具；3—工件；4—脉冲电源；5—电极丝；
6—导轮；7—丝架；8—工作液；9—贮丝筒；10—控制柜

图6-1-1 电火花线切割加工示意图

(1) 工作台

工作台又称切割台,由工作台面、中拖板和下拖板组成。工作台面用以安装夹具和被切割工件,中拖板和下拖板分别由步进电动机拖动,通过齿轮变速及滚珠丝杠传动,完成工作台面的纵向和横向运动。工作台面的纵、横向移动都可以手动或自动。

(2) 走丝机构

走丝机构主要由贮丝筒、走丝电动机、丝架和导轮等部件组成。贮丝筒安装在贮丝筒拖板上,由走丝电动机通过联轴器带动,可正反旋转。贮丝筒的正反旋转运动通过齿轮同时传给贮丝筒拖板的丝杠,使拖板作往复运动。丝架分上丝架和下丝架,用来安装导轮,调节导轮的位置。钼丝安装在导轮和贮丝筒上,开动走丝电动机,钼丝以一定的速度作往复运动,即走丝运动。

如果上丝架带有十字拖板,则通过一对步进电动机,可带动十字拖板,使导轮进行前后、左右的移动,使之与工作台拖板的运动有机配合,从而加工出具有锥度的零件。

(3) 供液系统

供液系统为机床的切割加工提供足够、合适的工作液。线切割加工中应用的工作液种类很多,有煤油、乳化液、去离子水、蒸馏水、洗涤液、酒精等,应根据具体条件加以选用。

工作液的主要作用是:① 对放电通道的压缩作用;② 对电极工件和加工屑的冷却作用;③ 对放电区的消电离作用;④ 对放电产物的清除作用。

(4) 脉冲电源

脉冲电源就是产生脉冲电流的能源装置。电火花线切割脉冲电源是影响线切割加工工艺指标最关键的设备之一。为了满足切割加工条件和工艺指标,对脉冲电源有以下要求:① 脉冲峰值电流要适当;② 脉冲宽度要窄;③ 脉冲频率要尽量高;④ 有利于减少钼丝损耗;⑤ 参数调节方便,适应性强。脉冲电源的种类很多。按电路主要部件划分,有晶体管式、晶闸管式、电子管式、RC 式和晶体管控制 RC 式;按放电脉冲波形划分,有方波、方波加刷形波、馒头波、前阶梯波、锯齿波、分组脉冲等。

(5) 控制系统

机床的控制系统存放于控制柜中,对整个切割加工过程和切割轨迹做数字程序控制。

三、 电参数对工艺指标的影响

(1) 放电峰值电流对工艺指标的影响

放电峰值电流增大,单个脉冲能量增多,工件放电痕迹增大,故切割速度迅速提高,表面粗糙度数值增大,电极丝损耗增大,加工精度有所下降。因此第一次切割加工及加工较厚工件时应取较大的放电峰值电流。

放电峰值电流不能无限制增大,当其达到一定临界值后,若再继续增大峰值电流,则加工的稳定性变差,加工速度明显下降,甚至出现断丝现象。

(2) 脉冲宽度对工艺指标的影响

在其他条件不变的情况下,增大脉冲宽度,线切割加工的速度将提高,表面粗糙度变差。这是因为当脉冲宽度增加时,单个脉冲放电能量增大,放电痕迹会变大,同时随着脉冲宽度的增加,电极丝损耗也变大。脉冲宽度增加,正离子对电极丝的轰击加强,使得接负极的电极丝损耗变大。

当脉冲宽度增大到一临界值后,线切割加工速度将随脉冲宽度的增大而明显减小。因为当脉冲宽度达到一临界值后,加工稳定性变差,从而影响了加工速度。

(3)脉冲间隔对工艺指标的影响

在其他条件不变的情况下,减小脉冲间隔,脉冲频率将提高,所以单位时间内放电次数增多,平均电流增大,从而提高切割速度。

脉冲间隔在电火花加工中的主要作用是消电离和恢复液体介质的绝缘。脉冲间隔不能过小,否则会影响电蚀产物的排出和火花通道的消电离,导致加工稳定性变差和加工速度降低,甚至断丝。当然也并非脉冲间隔越大,加工就越稳定。脉冲间隔过大会使加工速度明显降低,严重时不能连续进给,加工变得不稳定。

在电火花成型加工中,脉冲间隔的变化对加工表面粗糙度影响不大。在线切割加工中,在其余参数不变的情况下,脉冲间隔减小,线切割工件的表面粗糙度数值稍有增大。这是因为一般电火花线切割加工用的电极丝直径都在 0.25 mm 以下,放电面积很小,脉冲间隔的减小导致平均加工电流增大,由于面积效应的作用,加工表面粗糙度值增大。

脉冲间隔的合理选取与电参数、走丝速度、电极丝直径、工件材料及厚度有很大关系。因此,在选取脉冲间隔时必须根据具体情况而定。当走丝速度较快、电极丝直径较大、工件较薄时,因排屑条件好,可以适当缩短脉冲间隔时间,反之则可适当增大脉冲间隔。

(4)极性

由于线切割加工脉宽较窄,所以都用正极性加工(工件为正极),否则会使切割速度变低且电极丝损耗增大。

综上所述,电参数对线切割电火花加工的工艺指标的影响有如下规律:

① 加工速度随着加工峰值电流、脉冲宽度的增大和脉冲间隔的减小而提高,即加工速度随着加工平均电流的增加而提高。实验证明,增大峰值电流对切割速度的影响比增大脉宽的效果显著。

② 加工表面粗糙度随着加工峰值电流、脉冲宽度的增大及脉冲间隔的减小而增大,不过脉冲间隔对表面粗糙度影响较小。

实践表明,在加工中改变电参数对工艺指标影响很大,必须根据具体的加工对象和要求,综合考虑各因素及其相互影响来选取合适的电参数,使其既优先满足主要加工要求,又同时提高各项加工指标。例如,加工精密小零件时,精度和表面粗糙度是主要指标,加工速度是次要指标,这时电参数应主要满足尺寸精度高、表面粗糙度好的要求。又如加工大中型零件时,对尺寸的精度和表面粗糙度要求低一些,故可选较大的加工峰值电流、脉冲宽度,尽量获得较高的加工速度。此外,不管加工对象和要求如何,还需选择适当的脉冲间隔,以保证加工稳定进行,提高脉冲利用率。因此选择电参数值相当重要,只要客观地运用它们的最佳组合,就一定能够获得良好的加工效果。

四、 非电参数对工艺指标的影响

1.电极丝及其材料对工艺指标的影响

(1)电极丝的选择

目前电火花线切割加工使用的电极丝材料有钼丝、钨丝、钨钼合金丝、黄铜丝、铜钨丝等。

采用钨丝加工可获得较高的加工速度,但放电后丝质易变脆,容易断丝,故实际应用较少,只在慢走丝弱规准加工中尚有使用。钼丝比钨丝熔点低,抗拉强度低,但韧性好,在频繁的急热急冷变化过程中丝质不易变脆,也不易断丝。

钨钼丝(钨、钼各占50%的合金)加工效果比前两种都好,它具有钨、钼两者的特性,使用寿命和加工速度都比钼丝高。铜钨丝有较好的加工效果,但抗拉强度差些,价格比较昂贵,来源较少,故应用较少。采用黄铜丝做电极丝时,可获得较高的加工速度,加工稳定性好,但抗拉强度差,损耗大。

目前,快走丝线切割加工中广泛使用钼丝作为电极丝,慢走丝线切割加工中广泛使用直径为0.1 mm以上的黄铜丝作为电极丝。

(2)电极丝的直径

电极丝的直径是根据加工要求和工艺条件选取的。在加工要求允许的情况下,可选用直径大些的电极丝,电极丝直径大,抗拉强度大,承受电流大。另外可采用强度较高的电极丝进行加工,高强度电极丝能够提高输出的脉冲能量及加工速度。同时,电极丝粗,切缝宽,放电产物排出条件好,加工过程稳定,能提高脉冲利用率和加工速度。若电极丝过粗,则难加工出内尖角工件,使加工精度降低,同时切缝过宽使材料的蚀除量变大,加工速度也有所降低;若电极丝直径过小,则抗拉强度低,易断丝,而且切缝较窄,放电产物排出条件差,加工经常出现不稳定现象,导致加工速度降低。细电极丝的优点是可以得到较小半径的内尖角,加工精度能相应提高。快走丝一般采用0.10 ~ 0.25 mm的钼丝。

（3）走丝速度对工艺指标的影响

对于快走丝线切割机床，在一定的范围内，随着走丝速度（简称丝速）的提高，有利于脉冲结束时放电通道迅速消电离。同时，高速运动的电极丝能把工作液带入厚度较大工件的放电间隙中，有利于排屑和放电加工稳定进行。故在一定加工条件下，随着丝速的增大，加工速度也在提高。图6-1-2为快走丝线切割机床走丝速度与切割速度关系的实验曲线。实验证明：当走丝速度由1.4 m/s上升到7~9 m/s时，走丝速度对切割速度的影响非常明显。若再继续增大走丝速度，切割速度不仅不增大，反而开始下降，这是因为丝速再增大，排屑条件虽然仍在改善，但由于蚀除作用基本不变，储丝筒一次排丝的运转时间减少，使其在一定时间内的正反向换向次数增多，非加工时间增多，从而使加工速度降低。

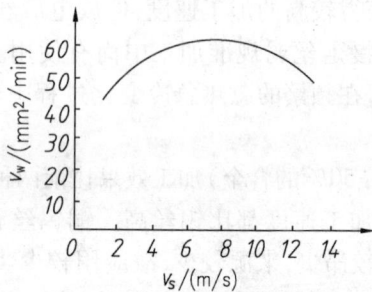

图6-1-2　快速走丝方式丝速对加工速度的影响

与最大加工速度相对应的最佳走丝速度与工艺条件、加工对象有关，特别是与工件材料的厚度有很大关系。当其他工艺条件相同时，工件材料厚一些，对应于最大加工速度的走丝速度就会高些，即图6-1-2中的曲线将随工件厚度增加而向右移。

（4）电极丝往复运动对工艺指标的影响

快走丝线切割加工时，加工工件表面往往会出现黑白交错的条纹（见图6-1-3），电极丝进口处呈黑色，出口处呈白色。条纹的出现与电极丝的运动有关，这是排屑和冷却条件不同造成的。电极丝从上向下运动时，工作液由电极丝从上部带入工件内，放电产物由电极丝从下部带出。这时上部工作液充分，冷却条件好，下部工作液少，冷却条件差，但排屑条件比上部好。工作液在放电间隙里受高温热裂分解，形成高压气体，急剧向外扩散，对上部蚀除物的排出造成困难。

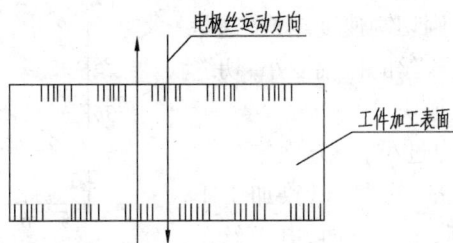

图 6-1-3　与电极丝运动方向有关的条纹

这时放电产生的炭黑等物质将凝聚附着在上部加工表面,使之呈黑色;在下部加工表面,其排屑条件好,工作液少,放电产物中炭黑较少,而且放电常常是在气体中发生的,因此加工表面呈白色。同理,当电极丝从下向上运动时,下部呈黑色,上部呈白色。这样经过电火花线切割加工的表面,就形成黑白相间的条纹。这是往复走丝工艺的特性之一。

加工表面两端出现黑白相间的条纹,使得工件加工表面两端的粗糙度比中部稍有下降。当电极丝较短、储丝筒换向周期较短或者切割较厚工件时,如果进给速度和脉冲间隔调整不当,加工结果看上去似乎没有条纹,实际上是由于条纹很密而互相重叠。

电极丝往复运动还会产生斜度,即电极丝上下运动时,电极丝进口处与出口处的切缝宽窄不同。宽口是电极丝的入口处,窄口是电极丝的出口处。故当电极丝往复运动时,在同一切割表面中电极丝进口与出口的高低不同。这对加工精度和表面粗糙度是有影响的。图 6-1-4 是切缝剖面示意图。由图可知,电极丝的切缝不是直壁缝,而是两端小、中间大的鼓形缝。这也是往复走丝工艺的特性之一。

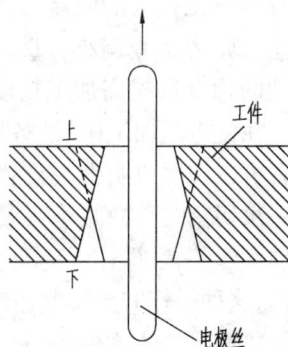

图 6-1-4　切缝剖面示意图

对于慢走丝线切割加工,可以克服上述不利于加工表面粗糙度的因素。一般慢速走丝线切割加工无需换向,加之便于维持放电间隙中的工作液和蚀除产物的大致均匀,所以可以避免黑白相间的条纹。同时,由于慢走丝系统电极丝运动速度低且走丝运动稳定,因此不易产生较大的机械振动,从而避免了加工面的条纹。

(5) 电极丝张力对工艺指标的影响

电极丝张力对工艺指标的影响如图 6-1-5 所示。由图可知,在起始阶段电极丝的张力越大,则切割速度越快,这是由于张力变大时,电极丝的振幅变小,切缝宽度变窄,进给速度加快。

若电极丝的张力过小,一方面电极丝抖动厉害,会频繁造成短路,以致加工不稳定,加工精度不高;另一方面,电极丝过松使电极丝在加工过程中受放电压力作用而产生的弯曲变形严重,结果电极丝切

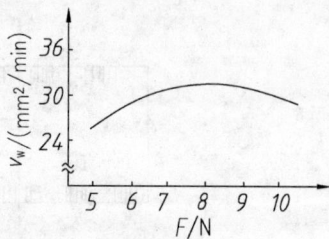

图 6-1-5　电极丝张力与进给速度图

割轨迹落后并偏移工件轮廓,即出现加工滞后现象,从而造成形状和尺寸误差,如切割较厚的圆柱时会出现腰鼓形状,严重时电极丝在快速运转过程中会跳出导轮槽,从而造成断丝等故障;但如果过分将张力增大,切割速度不仅不继续上升,反而容易断丝。电极丝断丝的机械原因主要是由于电极丝本身受抗拉强度的限制。因此,在多次线切割加工中,往往粗加工时需将电极丝的张力稍微调小,以保证不断丝,在精加工时稍微调大,以减小电极丝抖动的幅度来提高加工精度。

在慢走丝加工中,设备操作说明书一般都有详细的张紧力设置说明,初学者可以按照说明书去设置,有经验者可以自行设定。如多次切割,可以在第一次切割时稍微减小张紧力,以避免断丝。在快走丝加工中,部分机床有自动紧丝装置,操作者完全可以按相关说明书进行操作;另一部分需要手动紧丝,这种操作需要实践经验,一般在开始上丝时紧三次,在随后的加工中根据具体情况具体分析。

2.工作液对工艺指标的影响

在相同的工作条件下,采用不同的工作液可以得到不同的加工速度及表面粗糙度。电火花线切割加工的切割速度与工作液的介电系数、流动性、洗涤性等有关。快走丝线切割机床的工作液有煤油、去离子水、乳化液、洗涤剂液、酒精溶液等,但由于煤油、酒精溶液加工时加工速度低、易燃烧,现已很少采用。目前快走丝线切割工作液广泛采用的是乳化液,其特点是加工速度快。慢走丝线切割机床采用的工作液是去离子水和煤油。

工作液的注入方式和注入方向对线切割加工精度有较大影响。工作液的注入方式有浸泡式、喷入式和浸泡喷入复合式。在浸泡式注入方法中,线切割加工区域流动性差,加工不稳定,放电间隙大小不均匀,很难获得理想的加工精度;喷入式注入方式是目前国产快走丝线切割机床应用最广的一种,因为工作液以喷入这种方式强迫注入工作区域,其间隙的工作液流动更

快,加工较稳定。但是,由于工作液喷入时难免带进一些空气,故会不时发生气体介质放电,其蚀除特性与液体介质放电不同,从而影响了加工精度。与浸泡式注入法相比,喷入式的优点明显,所以大多数快走丝线切割机床采用浸泡喷入复合式的工作液注入方式,它既体现了喷入式的优点,又避免了喷入时带入空气的隐患。工作液的喷入方向分单向和双向两种。无论采用哪种喷入方向,在电火花线切割加工中因切缝狭小,放电区域介质液体的介电系数不均匀,所以放电间隙也不均匀,并且导致加工面不平、加工精度不高。

若采用单向喷入工作液,入口部分工作液纯净,出口处工作液杂质较多,这样会造成加工斜度;若采用双向喷入工作液,则上下入口较为纯净,中间部位杂质较多,介电系数低,这样造成鼓形切割面。工件越厚,这种现象越明显。

3. 工件材料及厚度对工艺指标的影响

(1) 工件材料对工艺指标的影响

工艺条件大体相同的情况下,由于工件材料的化学、物理性能不同,其加工效果也将会有较大差异。

在慢速走丝方式、煤油介质情况下,加工铜件过程稳定,加工速度较快。加工硬质合金等高熔点、高硬度、高脆性材料时,加工稳定性及加工速度都比加工铜件低。加工钢件,特别是不锈钢、磁钢和未淬火或淬火硬度低的钢等材料时,加工稳定性差,加工速度低,表面粗糙度也差。

在采用快速走丝方式、乳化液介质的情况下,加工铜件、铝件时,加工过程稳定,加工速度快。加工不锈钢、磁钢、未淬火或淬火硬度低的高碳钢时,加工稳定性差些,加工速度也低,表面粗糙度也差。加工硬质合金钢时,加工比较稳定,加工速度低,但表面粗糙度好。

材料不同,其加工效果也不同,这是因为工件材料不同,脉冲放电能量在两极上的分配、传导和转换都不同。从热学观点来看,材料的电火花加工性与其熔点、沸点有很大关系。表 6-1-1 为常用工件材料的有关元素或物质的熔点和沸点。由此表可知,常用的电极丝材料钼的熔点为 2 625 ℃,沸点为 4 800 ℃,比铁、硅、锰、铬、铜、铝的熔点和沸点都高,而比碳化钨、碳化钛等硬质合金基体材料的熔点和沸点要低。在单个脉冲放电能量相同的情况下,用铜丝加工硬质合金比加工钢产生的放电痕迹小,加工速度低,表面粗糙度好,同时电极丝损耗大,间隙状态恶化时则易引起断丝。

表 6-1-1　常用工件材料的有关元素或物质的熔点和沸点

	碳(石墨)	钨	碳化钛	碳化钨	钼	铬	钛	铁	钴	硅	锰	铜	铝
	C	W	TiC	WC	Mo	Cr	Ti	Fe	Co	Si	Mn	Cu	Al
熔点/℃	3 700	3 410	3 150	2 720	2 625	1 890	1 820	1 540	1 495	1 430	1 250	1 083	660
沸点/℃	4 830	5 930		6 000	4 800	2 500	3 000	2 740	2 900	2 300	2 130	2 600	2 060

（2）工件厚度对工艺指标的影响

工件厚度对工作液进入和流出加工区域以及电蚀产物的排出、通道的消电离等都有较大的影响。同时，电火花通道压力对电极丝抖动的抑制作用也与工件厚度有关。因此，工件厚度对电火花加工稳定性和加工速度必然产生相应的影响。工件材料薄，工作液容易进入和充满放电间隙，对排屑和消电离有利，加工稳定性好。但是工件若太薄，对固定丝架来说，电极丝从工件两端面到导轮的距离大，易发生抖动，对加工精度和表面粗糙度会带来不良影响，且脉冲利用率低，切割速度下降；若工件材料太厚，工作液难进入和充满放电间隙，这样对排屑和消电离不利，加工稳定性差。

工件材料的厚度大小对加工速度有较大影响。在一定的工艺条件下，加工速度将随工件厚度的变化而变化，一般都有一个对应最大加工速度的工件厚度。

4. 进给速度对工艺指标的影响

（1）进给速度对加工速度的影响

在线切割加工时工件不断被蚀除，即存在一个蚀除速度；另一方面，为了电火花放电正常进行，电极丝必须向前进给，即存在一个进给速度。在正常加工中，蚀除速度大致等于进给速度，从而保证放电间隙维持在一个正常的范围内，使线切割加工能连续进行下去。

蚀除速度与机器的性能、工件的材料、电参数、非电参数等有关，一旦对某一工件进行加工时，它就可以看成是一个常量；在国产的快走丝机床中有很多机床的进给速度需要人工调节，因此它又是一个随时可变的可调节参数。

正常的电火花线切割加工就要保证进给速度与蚀除速度大致相等，使进给均匀平稳。若进给速度过高（过跟踪），即电极丝的进给速度明显超过蚀除速度，则放电间隙会越来越小，以致产生短路。当出现短路时，电极丝马上会产生短路而快速回退。当回退到一定的距离时，电极丝又以大于蚀除速度的速度向前进给，又开始产生短路、回退。这样频繁的短路现象一方面造成加工的不稳定，另一方面造成断丝。若进给速度太慢（欠跟踪），即电极丝的进给速度明显落后于工件的蚀除速度，则电极丝与工件之间的距离越来越大，造成开路。这样会出现工件蚀除过程暂时停顿，整个加工速度自然会大大降低。由此可见,在线切割加工中调节进给速度虽然本身并不具有提高加工速度的能力,但它可保证加工的稳定性。

（2）进给速度对工件表面质量的影响

进给速度调节不当不但会造成频繁的短路、开路,而且还影响加工工件的表面粗糙度,致使出现不稳定条纹,或者出现表面烧蚀现象。常出现以下几种情况:

① 进给速度过高。这时工件蚀除的线速度低于进给速度,频繁出现短路,造成加工不稳定,平均加工速度降低,加工表面发焦,呈褐色,工件的上下端面均有过烧现象。

② 进给速度过低。这时工件蚀除的线速度大于进给速度,经常出现开路现象,导致加工不能连续进行,加工表面亦发焦,呈淡褐色,工件的上下端面也有过烧现象。

③ 进给速度稍低。这时工件蚀除的线速度略高于进给速度,加工表面较粗、较白,两端面有黑白相间的条纹。

④ 进给速度适宜。这时工件蚀除的线速度与进给速度相匹配,加工表面细而亮,丝纹均匀,因此,在这种情况下可得到表面粗糙度好、精度高的加工效果。

5. 火花通道压力对工艺指标的影响

在液体介质中进行脉冲放电时产生的放电压力具有急剧爆发的性质,对放电点附近的液体、气体和蚀除物产生强大的冲击作用,使之向四周喷射,同时伴随发生光、声等效应。这种火花通道的压力对电极丝产生较大的后向推力,使电极丝发生弯曲。图 6-1-6 是放电压力使电极丝弯曲的示意图。因此,实际加工轨迹往往落后于工作台运动轨迹。例如,切割直角轨迹工件时,切割轨迹应在图中 a 点处转弯,但由于电极丝受到放电压力的作用,实际加工轨迹如图 6-1-7 中实线所示。

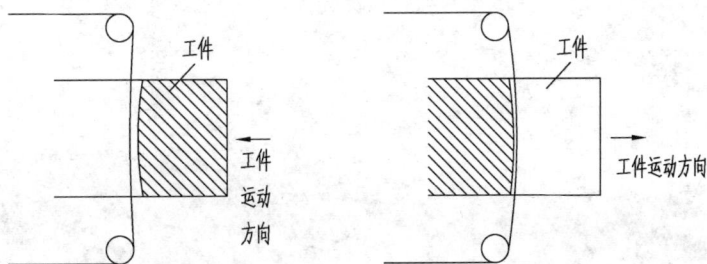

图 6-1-6　放电压力使电极丝弯曲示意图

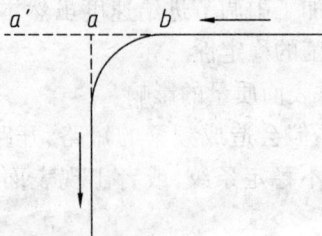

图 6-1-7　电极丝弯曲对加工精度的影响

　　为了减缓电极丝受火花通道压力造成的滞后变形给工件造成的误差,许多机床采用了许多特殊的补偿措施。例如,图 6-1-7 中为了避免塌角,附加了一段 $a-a'$ 段程序。当工作台的运动轨迹从 a 到 a' 再返回到 a 点时,滞后的电极丝也刚好从 b 点运动到了 a 点。

　　在电火花线切割加工中影响工艺指标的因素很多,且各种因素对工艺指标的影响是互相关联的,又是互相矛盾的。例如,为了提高加工速度,可以通过增大峰值电流来实现,但这又会导致工件的表面粗糙度变差等。因此,在实际加工应抓住主要矛盾,全面考虑。

课题二　线切割机床编程软件的使用

一、YH 软件

对于几何形状不太复杂的简单零件,数值计算较简单,加工程序段不多,采用手工编程较容易实现,但对于一些形状复杂的零件,数值计算相当繁琐且容易出错,手工编程则难以胜任,这时必须采用计算机编程软件自动生成程序。

YH 线切割编程控制系统由苏州开拓电子技术有限公司开发,在国内拥有很高的知名度和市场占有率,它用于快走丝线切割机床,集控制和编程于一体(分别由各自的 CPU 来控制),使加工和编程能同时进行。这里只介绍它的编程系统。

YH 线切割编程系统是在 DOS 状态下使用的软件,具有绘图和编程两大功能。它不仅可以方便地绘制由点、直线、圆弧组成的一般图形,而且还能绘制由一些特殊曲线组成的图形,如绘制椭圆、抛物线、双曲线、渐开线、摆线、螺线、列表曲线、函数方程曲线以及齿轮等。它具有多种编辑功能,使绘图更加快捷方便。当图形绘制完成后,YH 线切割编程系统能完成 ISO,3B,R3B 等多种代码程序的自动编程,在编程时还能设定多种加工参数,如锥度、补偿量、跳步等。另外,利用 YH 线切割编程系统的四轴合成功能,还能对上下同形或异形的工件进行自动编程合成。

尽管 YH 线切割编程系统在操作、通用性、功能等方面还存在一定的不足,但它仍然不失为一个较好且实用的 CAD/CAM 集成软件。

1.YH 软件界面

主界面包括:绘图区、图标按钮、下拉菜单、键盘命令框、公制与英制切换按钮和状态栏,如图 6-2-1 所示。

(1)绘图区

绘图区是用户进行绘图设计的主要工作区域。它位于屏幕的中心,并占据了屏幕的大部分面积。在绘图区的中央有一个二维十字直角坐标系,其十字交点即为原点(0,0)。

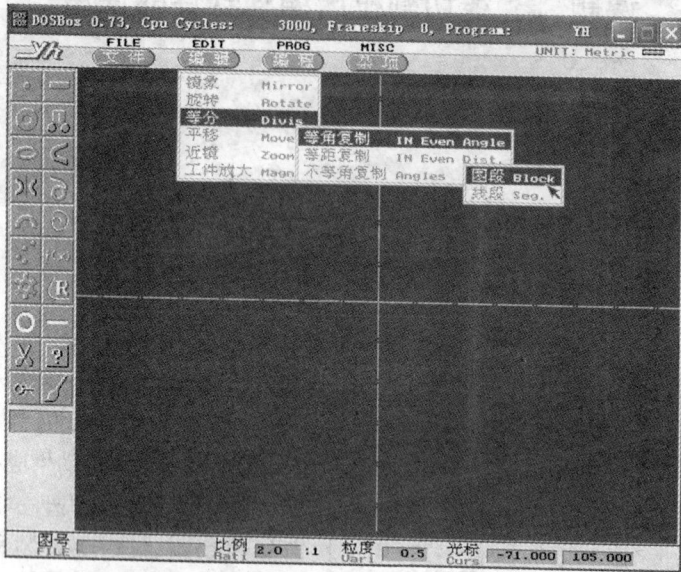

图 6-2-1　主界面

（2）图标按钮

图标按钮位于屏幕的左侧，由 16 个绘图图标和 4 个编辑图标组成，如表 6-2-1 所示。

表 6-2-1　图标按钮

文件	编辑		编程	杂项
├新图	├镜像	├水平轴	│	├有效区
├读盘	│	├垂直轴	├切割编程	├交点标记
├存盘	│	├原点	└4－轴合成	├交点数据
├打印	│	└任意线		├点号显示
├挂起	├旋转	├图段自身旋转		├大圆弧设定
├拼接	│	├图段复制旋转		└打印机选择
├删除	│	└线段复制旋转		
└退出	├等分	├等角复制	│	├代码打印
	│	├等距复制	│	├代码显示
	│	└不等角复制	│	├代码存盘
	├平移	├坐标轴平移	│	└送控制台
	│	└图段自身平移		

（3）下拉菜单

下拉菜单位于屏幕的顶部，它由一行主菜单及其下拉子菜单组成，其中有的子菜单还有二级、三级菜单。主菜单由文件、编辑、编程和杂项4个部分组成。

（4）键盘命令框

键盘命令框位于图标按钮下方，用于采用键盘输入方式绘制点、线、圆等图形。

（5）状态栏

屏幕的底部为状态栏，用来显示输入图号、比例系数、粒度和光标位置，如图6-2-2所示。

图6-2-2　状态栏

2. YH编程系统常用的绘图和编辑功能

（1）绘制点

方法一：单击绘制点图标按钮 ，移动光标并观察状态栏内显示的坐标数值，移至或接近需要的位置时，单击鼠标左键，系统弹出参数窗口。检查各参数并修改后，单击Yes按钮退出。

方法二：单击绘制点图标按钮 ，将光标移至键盘命令框，在出现的输入框中按格式[x,y]输入点的坐标后回车。

（2）绘制直线

单击绘制直线图标按钮 ，单击指定点位置并拖动，此时弹出参数窗，如图6-2-3所示。

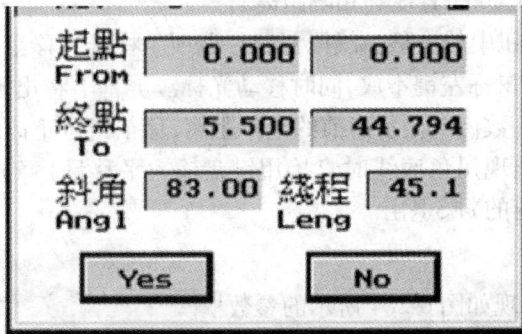

图6-2-3　参数窗

绘制直线的方法有以下几种。

① 点斜式（已知一点和斜角）。

在直线图标状态下，将光标移至指定点（依据屏幕右下方的光标位置，若该点为另一直线的端点或某一交点，或为点方式下已输入的指定点，光标移到该点位置时，将变成"X"形）。按下鼠标左键不放，继续移动光标，同时观察弹出的参数窗内斜角一栏，当其数值（即该直线与 X 轴正方向间的夹角）与标定角度一致时，释放鼠标左键。直线输入后，如果参数有误差，可用光标选择参数窗内的对应项（深色框内），轻点鼠标左键后，用屏幕上出现的小键盘输入数据，并以 Enter 键结束。参数全部无误后，按 YES 钮退出。

② 二点式（已知二点）。

在直线图标状态下，将光标移至指定点（若该点为新点，依据光标位置值，否则移动光标到指定点，光标呈"X"形）。按下命令键不放，移动光标到另一定点（光标呈"X"形或到指定坐标），释放命令键。参数全部无误后，按 YES 钮退出。

③ 圆斜式（已知一定圆和直线的斜角）。

在直线图标状态下，在所需直线的近似位置作一直线（任取起点）使得角度为指定值。选择编辑按钮中的平移→线段自身平移项。光标成"田"形。将光标移到该直线（呈手指形）后，按下鼠标左键不放，同时移动光标。此时该直线将随光标移动，在弹出的参数窗内显示当前的移动距离。将直线移向定圆，当该直线变红色时，表示已与定圆相切，释放鼠标左键。若输入正确，可按参数窗中的 YES 退出。若无其他线段需要移动，可将"田"光标放回工具包，表示退出自身平移状态（平移相切时以线段变红为准，不要用眼睛估算。平移完成后如出现红黄叠影，用鼠标单击重画图标即可）。

④ 平行线（已知一直线和相隔距离）

选择编辑按钮中的平移→线段复制平移项。将光标移至该直线上（光标成手指型），按下鼠标左键不放，同时移动光标。屏幕上将出现一条深色的平行线，在弹出的参数窗内显示当前的平移距离，移至指定距离时（也可用光标点取参数窗，待出现黑色底线时直接用键盘输入平移量）释放鼠标左键。若确认，可按参数窗的 YES 退出。

（3）绘制圆

选择 ⓒ 出现如图 6-2-4 所示的参数框。

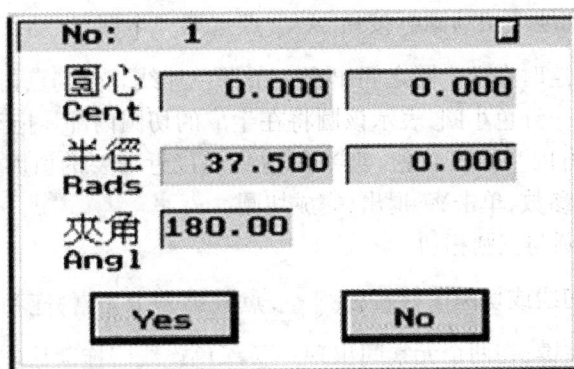

图 6-2-4　参数框

① 标定圆(已知圆心,半径)。

在圆图标状态下,将光标移至圆心位置(根据光标位置值或光标到达指定点时变成"X"形进行操作),按下鼠标左键不放,同时移动光标,在弹出的参数窗内将显示当前圆的半径,屏幕上绘出对应的圆(当光标远离圆心时,半径变大;当光标靠近圆心时,半径变小)。至指定半径时释放鼠标左键,定圆输入完成。若输入精度不够,可用光标选择相应的深色参数框,用屏幕小键盘输入数据。参数确认后,按YES退出。

② 单切圆(已知圆心,并过一点)。

在圆图标状态下,将光标移至圆心位置,光标呈手指形后按下鼠标左键(不能放),同时移动光标至另一点位置,待光标成"X"时释放鼠标左键。若确认无误,按参数窗中的YES退出。

③ 单切圆(已知圆心,并与另一圆或直线相切)。

在圆图标状态下,将光标移到圆心位置,按下鼠标左键不放,移动光标在屏幕上画出的圆弧同时与另一定圆或定线相切时,并确认该圆弧成红色时释放鼠标左键即可。

(4) 绘制切圆

① 绘制一圆与两圆相切。

单击绘制切线或切圆图标 ,点选第一个元素,拖至第二个元素上释放鼠标左键,在两个元素间出现一条深色连线。拖动该连线,同时观察参数窗内半径变化值,当达到或接近需要的值时释放鼠标左键,检查并修改参数,单击Yes,完成绘制。

② 绘制一圆与两圆内切。

单击绘制切线或切圆图标按钮 [图标]，点选第一个圆，拖动到第二个圆上释放鼠标左键，这时在两个圆之间出现一条深色连线。分别点击两圆内任一点，该圆内出现一红色小圈，表示该圆将在生成的切圆内部。拖动深色连线，同时观察参数窗内半径变化值，当半径达到或接近需要的值时释放鼠标左键，检查并修改参数，单击Yes退出，完成切圆。

③ 绘制一圆与三圆相切。

单击绘制切线或切圆图标按钮 [图标]，点选第一个元素，拖动到第二个元素上释放鼠标左键，在两个元素间出现一条深色连线。拖动该连线至第三元素，当该连线变为红色时释放鼠标左键，系统自动计算并生成三切圆。若无法生成，系统将提示切圆无法生成。

（5）绘制过渡圆

单击绘制过渡圆图标按钮 [图标]，点选两线段交点处，沿需画过渡圆的方向，拖动至某一位置，释放鼠标左键，屏幕上提示"R ="，键入需要的 R 值，系统随即绘出指定的过渡圆弧。

注意，当过渡圆的半径超出该相交线段中任一线段的有效范围时，过渡圆无法生成。

（6）剪切删除线段

单击剪切图标按钮 [图标]，在键盘命令框下方出现工具包图标，从中单击取出剪刀形光标点选需删除的线段。按调整键可以间隔删除同一线上的各线段。完成后单击工具包退出。

（7）清理

单击清理图标按钮 [图标]，系统将删除辅助线、辅助圆和任何不闭合的线段。右击清理图标按钮 [图标]，系统将删除辅助线、辅助圆，保留不闭合的线段。

（8）重画

单击重画图标按钮 [图标]，系统会重新绘出全部图形而不改变任何数据。

（9）镜像

根据菜单选项可将屏幕图形关于水平轴、垂直轴、原点或任意直线作对称复制。若对指定的线段进行对称处理，光标点取需对称处理的线段（光标成手指形);若对指定图段的进行对称处理,光标点取需对称处理的图段(光标成"X"形);若对全部图形的若对称处理,光标在屏幕空白区时点击鼠标左键。

任意直线作镜像线的方法:在屏幕右上角出现"镜像线"提示时,将光标移到作为镜像的直线上(光标成手型),点一下鼠标左键,系统自动作出关于该直线的镜像。

(10) 旋转

该菜单下可进行图段自身旋转、线段自身旋转、图段复制旋转、线段复制旋转等操作。

方法:进入旋转方式后屏幕右上角显示"旋转中心",提示用户选择图形的旋转中心。用光标选定旋转中心位置后单击鼠标左键,屏幕右上角提示为"转体"。将光标移至需作旋转处理的图(线)段上(光标成手形),按下鼠标左键不放并移动鼠标,图段(线)将随光标绕着旋转中心旋转,参数窗显示当前旋转角度,当旋转角度至指定值时释放鼠标左键,处理完成。此时仍可对旋转中心及旋转角度做进一步的修改,确认后按认可退出,完成一次旋转。屏幕提示"继续",可进行下一次旋转。将光标放回工具包,即退出旋转方式。

(11) 等分

点击等分功能出现如下对话框,如图6-2-5所示。

根据需要可对图形(图段或线段)作等角复制、等距复制或非等角复制等操作。

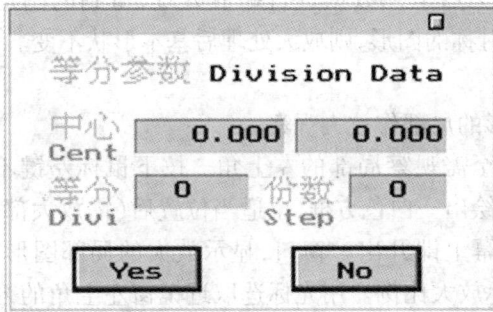

图6-2-5 等分功能对话框

方法:进入等分模块后,屏幕提示选择"等分中心",用光标选定等分中心位置后,单击鼠标左键后屏幕上出现等分参数窗口,可输入等分数和份数。

该命令可变化图形在坐标系中的位置,不仅可以平移图形本身,还可以进行复制平移及坐标轴平移等操作。

① 等角复制:单击下拉菜单"编辑→平移→坐标轴平移",在键盘命令框下方出现工具包图标。屏幕右上角提示输入原点,单击新坐标中心点所在位置,系统自动完成坐标系的移动。将光标放回工具包,退出平移方式。等分框中的等分数、份数可根据实际图形进行设置,输入后的数据也可进行修改。按认可退出后,屏幕提示"等分体",将光标移至需等分处理的图(线)段上任意处,光标呈手指形,轻按鼠标左键,系统即自动作等分处理并显示等分图形。

② 等距复制:输入间隔的距离和份数。

③ 非等角复制:屏幕上弹出非等角参数窗,依次用大键盘输入逆时针方向的各相对旋转角度后,按OK钮,屏幕显示"中心",用光标输入等分中心,弹出参数窗后按认可退出。屏幕提示"等分体",光标移至需等分的图段或线段上任意处,光标呈手指形时轻点鼠标左键,完成复制。

(12) 放大观察图形的局部

单击下拉菜单"编辑→近镜",屏幕右上角提示(放大区),单击需观察局部的左上角。拖动至右下角,释放鼠标左键,系统弹出一窗口并显示放大的局部图形。在状态栏内显示实际放大比例。单击近镜窗左上角的按钮,关闭窗口,恢复原图形。

(13) 缩放图形

用户可对图形的坐标数据缩放处理,此时只需在弹出的参数窗内键入合适的缩放系数即可,缩放系数为任意数。

注意,对图形交点坐标数据进行缩放处理,得到的图形为非等距缩放。若是关于 X,Y 轴对称的图形,则放大处理后基本形状不变。

(14) 近镜

用户可对图形的局部作放大观察。

方法:光标移至需观察局部的左上角。按下鼠标左键不放,然后向右下角拉开,屏幕上将绘出一白色方框,至适当位置后(需放大部分已进入框内),释放鼠标左键,屏幕上即开出一窗口,显示放大的局部图形。屏幕下边比例参数框中显示实际放大比例。用光标选取近镜窗左上角的"撤销"标志,可退出局部放大窗,恢复原图形。

注意,围起的区域越小,放大倍数越大。在近镜窗中可以多次"近镜"放大。

(15) 编程系统的读盘功能

YH 编程系统可从当前系统设定的数据盘上读入文件。该功能下可以读入图形、3B 代码、AutoCAD 的 DXF 类型文件。

① 图形文件的读入。

方法一：单击图号输入框，待框内出现一黑色底线时，用键盘输入文件名（不超过 8 个字符）按回车键退出。系统自动从磁盘上读入指定的图形文件。

方法二：单击下拉菜单"文件→读盘→图形"，系统将自动搜索当前磁盘上的数据文件，并将找到的文件名显示在弹出的数据窗内，单击所需要的文件名关闭数据窗，文件即可自动读入。

② 3B 代码文件的读入。

单击下拉菜单"文件→读盘→3B 代码"，在弹出的数据输入框中键入代码文件名。文件名应该用全称，如果该文件不在当前数据盘上，在键入的文件名前还应加上相应的盘号，代码文件读入后选择是否要去除代码的引线段以及图形是否封闭。

? 思考与练习

1. 过 $(0,0)$ 作圆 $(20,10,)R15$ 的切线。

2. 作圆 $(30,20)R10$ 与圆 $(-30,20)R10$ 的外切圆，并且半径为 50。

3. 作圆 $(-30,20)R10$ 与圆 $(-30,-20)R10$ 的内切圆，并且半径为 50。

4. 作圆 $(0,0)R20$、圆 $(40,40)R15$、圆 $(-40,40)R15$ 三个圆的内外公切圆。

课题三　线切割机床基本操作

🔥 学习目标

① 掌握线切割机床上丝、穿丝和校丝方法。
② 掌握电火花机床的基本操作步骤。

一、线切割机床上丝方法

线切割机床上丝步骤如下：

① 启动丝筒运转开关,把丝筒移至右端极限位置。

② 把钼丝盘装到上丝盘上,并把电极丝夹一端绕过张紧结构上面的两个辅助导轮,同时压紧丝筒的左端。

③ 打开上丝电极开关,并根据电极丝直径调整上丝电机电压调节按钮,调整张力。

④ 用金属片接近右边的接近开关,启动丝筒向左移动,把电极丝上到丝筒上,当丝筒移动到左端极限位置前一段距离时迅速按丝筒停止开关,停住丝筒。

⑤ 剪断电极丝,把电极丝一端压紧在丝筒右端,并取下钼丝盘。

二、线切割机床穿丝方法

线切割机床穿丝步骤如下：

① 把张紧机构锁紧在右端位置。

② 取下丝筒右端的电极丝丝头,按图经过上张紧导轮、上主导轮、工件穿丝孔(见图6 3 1),下主导轮、导电块、下张紧导轮。把电极丝另一端压紧在丝筒右端。

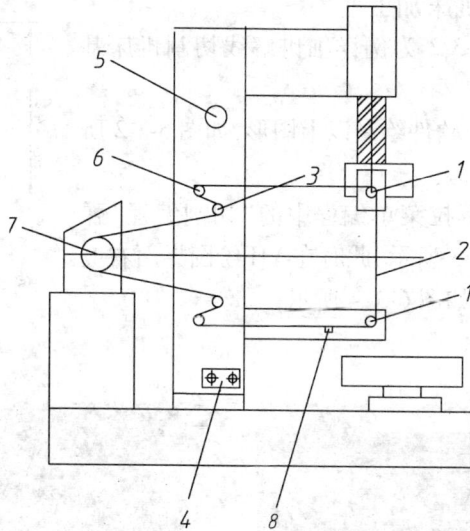

1—主导轮；2—电极丝；3—辅助导轮；4—工作液旋钮；
5—上丝盘；6—张紧轮；7—贮丝筒；8—导电块

图 6-3-1　穿丝示意图

三、线切割机床校丝方法

线切割机床校丝步骤如下：

① 在机床上完成上丝、穿丝操作。

② 清洁夹具安装面和找正块，把找正块放在夹具上。

③ 调整 Z 轴行程的位置，使上下导轮与找正块的距离大约相等并锁紧。

④ 把脉冲电源的脉冲宽度调到最小值。

⑤ 关闭工作液的调节阀。

⑥ 启动丝筒，电极丝运行。

⑦ 手动 X 轴使电极丝靠近工件，调整 U 轴，直至火花上下均匀。

⑧ 手动 Y 轴使电极丝靠近工件，调整 V 轴，直至火花上下均匀。

⑨ 重新手动 X,Y 轴，检查电极丝两个方向的垂直度，如火花上下均匀，则表示电极丝垂直度已校正好，如火花不均匀，则再调整 U,V 轴。

四、线切割机床加工

接下来以图 6-3-2 为例详细讲解线切割机床基本操作步骤：

第一步：用 YH 软件绘制以上图形，如图 6-3-2 所示。

第二步：点击下拉菜单编程中的"切割编程"弹出对话框，如图 6-3-3 所示，此时在 YH 绘图界面右上角提示输入丝孔点如图 6-3-4 所示。

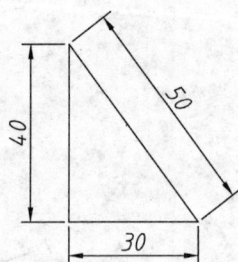

图 6-3-2　几何图形

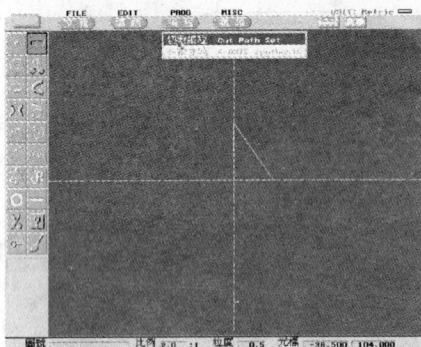

图 6-3-3　YH 软件绘图界面

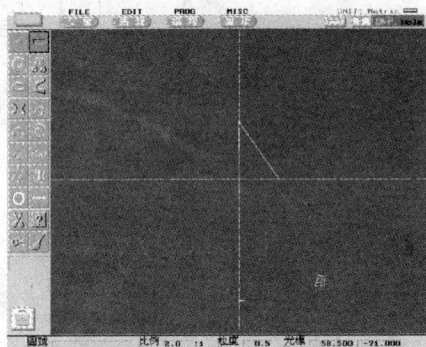

图 6-3-4　YH 软件加工丝孔点选择界面

第三步：点选穿孔位置并移动鼠标至切割的首条线段上，当移动到交点处光标呈叉形，当鼠标移动到线段上呈手指形时，释放鼠标左键，屏幕上弹出加工参数窗（见图 6-3-5）。此时，可对孔位、起割点、补偿量、平滑，尖角处过渡圆半径作相应的修改及选择，代码统一为 ISO 格式。

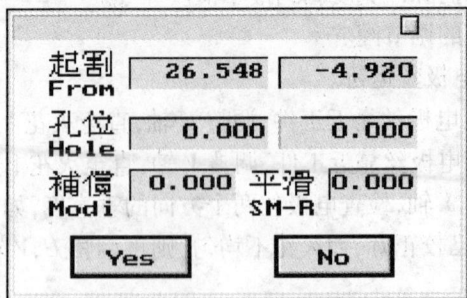

图 6-3-5　加工参数窗

第四步：单击Yes按钮确认后，如果所绘加工图形不是封闭轮廓或起刀点选择不恰当，则会弹出对话框（见图 6-3-6）；若没有问题，则直接弹出加工参数窗，在此窗口可选择加工方向（见图 6-3-7）。

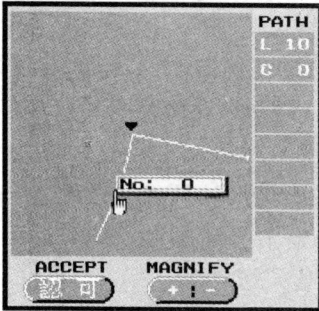

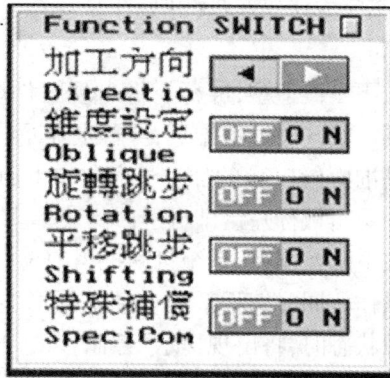

图 6-3-6　对话框　　　　　图 6-3-7　加工方向选择窗口

第五步：点击图 6-3-7 右上角小方框将弹出如下对话框（见图 6-3-8），菜单中的选项包括代码打印、代码显示、代码存盘、三维造型、送控制台和退出等。

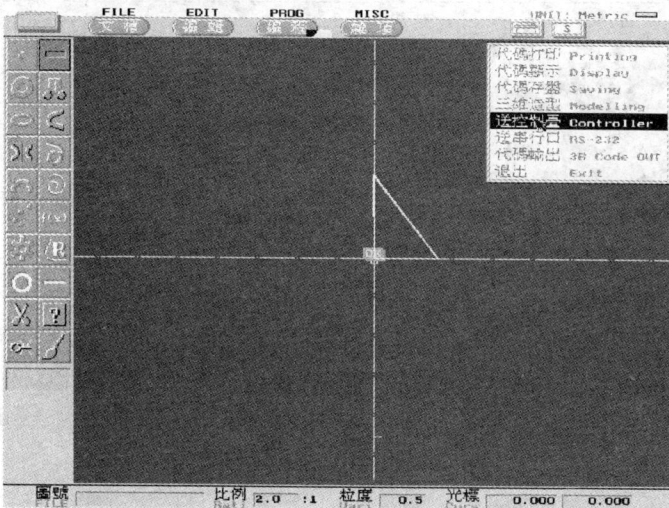

图 6-3-8　对话框

按下代码打印可通过打印机打印程序代码。

按下代码显示可显示自动生成的 ISO 代码，以便核对。在参数窗右侧有两个上下翻页按钮，可用于观察在当前窗内无法显示的代码。光标在两个按钮中间的灰色框上,按下鼠标左键同时移动光标,可将参数窗移到屏幕的任意位置上。用光标选取参数窗左上方的撤销钮"■",可退出显示状态。

在驱动器中插入数据盘,按下代码存盘可在"文件名输入框"中输入文件名,回车完成代码存盘(此处存盘保存的是代码程序,可在 YH 控制系统中读入调用)。

按下三维造型,屏幕上将出现工件厚度输入框,提示用户输入工件的实际厚度。输入厚度数据后,屏幕上显示出图形的三维造型,同时显示以 $X-Y$ 面为基准面(红色)的加工长度和加工面积,以便用户计算费用。光标回到工具包中单击鼠标左键即可退回到菜单。

按下送控制台,系统自动把当前编好的程序送入"YH 控制系统"中,进行控制操作。同时编程系统自动把图形"挂起"保存。若控制系统正处于加工或模拟状态时,将出现提示"控制台忙",禁止代码送入。

按下退出,可退出编程状态。

第六步:点击代码显示就可以显示 3B 代码,点击送控制台就到了加工界面,如图 6-3-9 所示。

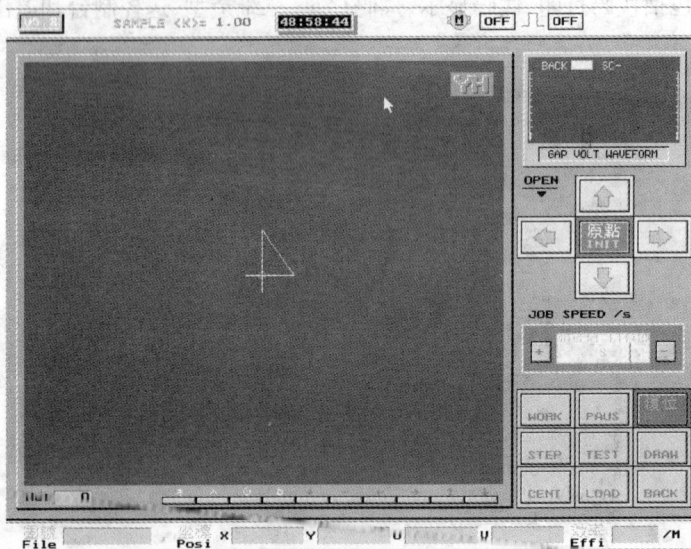

图 6-3-9　加工界面

第七步:点击模拟就可以模拟加工。如果机床已对好刀,打开丝筒和水泵,单击右上角两个 OFF 使其变成 ON,并点击加工,机床即可按所绘图形进行自动加工。

已知钼丝直径为 0.20 mm，单边放电间隙为 0.01 mm，加工如图 6-3-10～6-3-12 所示的图形。

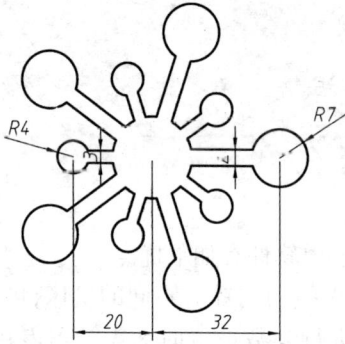

图 6-3-10

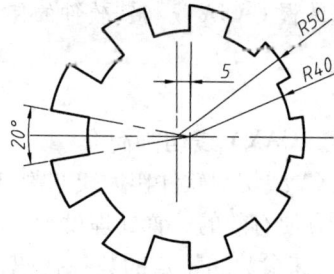

图 6-3-11

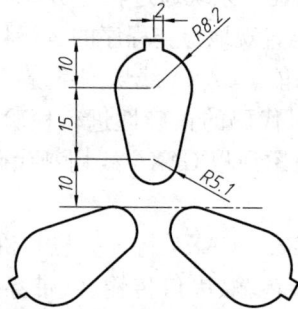

图 6-3-12

课题四　CAXA 线切割软件使用

一、 CAXA 线切割简介

CAXA 线切割软件作为线切割自动编程软件有如下优点：

① 方便有效的后置处理设置。CAXA 线切割针对不同的机床，可以设置不同的机床参数和特定的数控代码，在进行参数设置时无需学习专用语言，即可灵活地设置机床参数。

② 逼真的轨迹仿真功能。系统通过轨迹仿真功能，可逼真地模拟从起切到加工结束的全过程，并能直观地检查程序的运行状况。

③ 直观的代码反读功能。CAXA 线切割系统可以将生成的代码反读，以生成加工轨迹图形，由此对代码的正确性进行检验。另外，该功能可以对手工编写的程序进行代码反读，所以 CAXA 线切割代码校核功能可作为线切割手工编程模拟检验器。

④ 优越的程序传输方式。CAXA 将计算机与机床联机，CAXA 线切割系统可以采用应答传输、同步传输、串口传输、纸带穿孔等多种传输方式，向机床的控制器发送程序。

二、 CAXA 线切割软件画图功能

当启动 CAXA 线切割后，就可以进入系统主界面，如图 6-4-1 所示。

该主界面对熟悉 CAXA 电子图板 V2 软件的读者来说可能并不感觉陌生。它包括绘图功能区、菜单系统及状态栏 3 个部分。

（1）绘图功能区

绘图功能区是用户进行绘图设计的主要工作区域。它占据了屏幕的大部分面积，中央区有一个直角坐标系。该坐标系称为世界坐标系，在绘图区用鼠标或键盘输入的点，均以该坐标系为基准，两坐标轴的交点即为原点(0,0)。

图 6-4-1　系统主界面

（2）菜单系统

CAXA 线切割的菜单系统包括下拉菜单、图标工具栏、立即菜单、工具菜单 4 个部分。

① 下拉菜单。

下拉菜单位于屏幕的顶部，它由一行主菜单及其下拉子菜单组成。主菜单由文件、编辑、显示、幅面、绘制、查询、设置、工具、线切割和帮助 10 个部分组成。

② 图标工具栏。

图标工具栏比较形象地表达了各个图标的功能。用户可根据自己的习惯和要求进行定义，将最常用的工具图标放在适当的位置，以适应个人习惯。图标工具栏包括 4 部分，如图 6-4-2 所示。

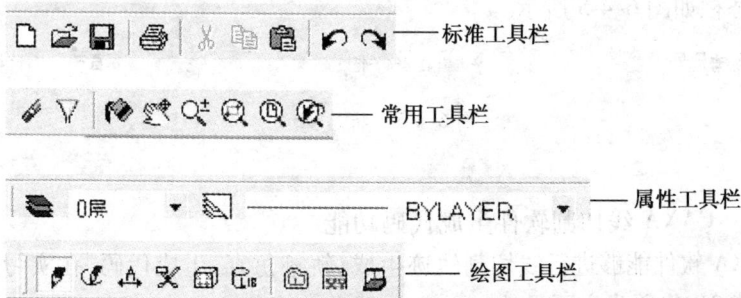

图 6-4-2　图标工具栏

③ 立即菜单。

立即菜单是当功能命令项被执行时在绘图区的左下角弹出的菜单,它描述了该命令执行的各种情况和使用条件。根据当前的作图要求,选择正确的各项参数。绘制直线立即菜单选项如图 6-4-3 所示。

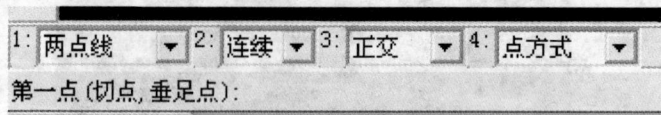

图 6-4-3　立即菜单选项

④ 工具菜单如图 6-4-4 所示。

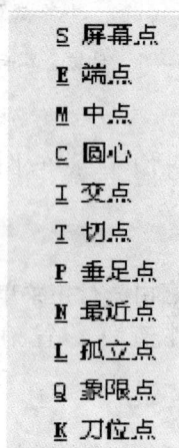

图 6-4-4　工具菜单

（3）状态栏

状态栏如图 6-4-5 所示。

图 6-4-5　状态栏

三、 CAXA 线切割软件生成代码功能

CAXA 软件能够进行线切割轨迹生成,轨迹仿真,生成代码,在实习过程中以生成 3B 代码为主要目的。

第一步:绘制加工图形,以加工圆形为例,点击下拉菜单线切割,如图 6-4-6

所示。

第二步：点击轨迹生成出现对话框，如图6-4-7所示。

第三步：点击确定，左下角出现如图6-4-8所示的界面。

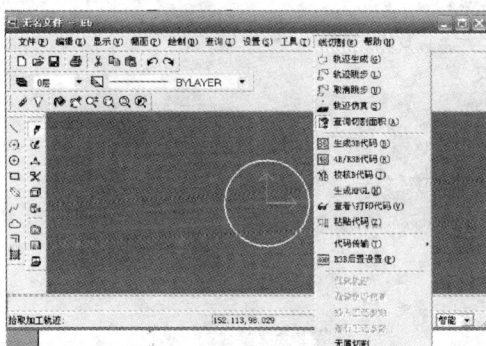

图6-4-6　线切割子菜单

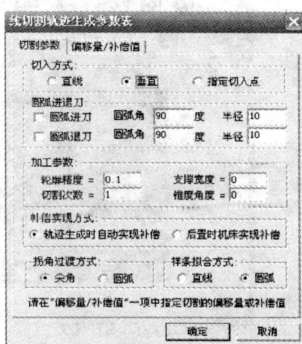

图6-4-7　对话框

图6-4-8　点击确定后的界面

第四步：点击加工图形轮廓后出现选择加工方向界面，如图6-4-9所示。

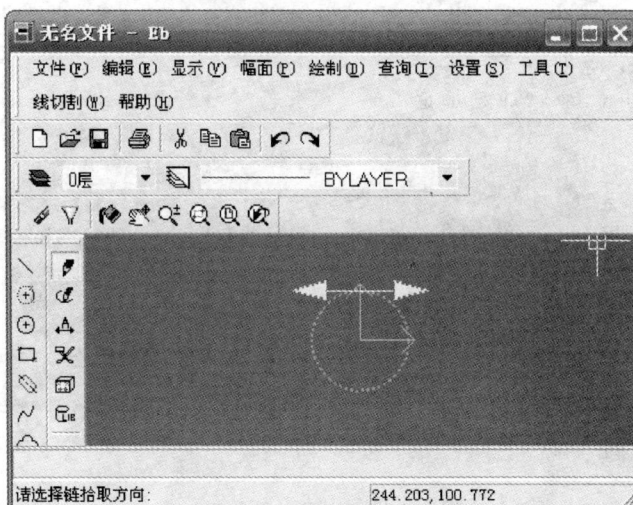

图6-4-9　选择加工方向界面

第五步：选择加工补偿方向，如图6-4-10所示。

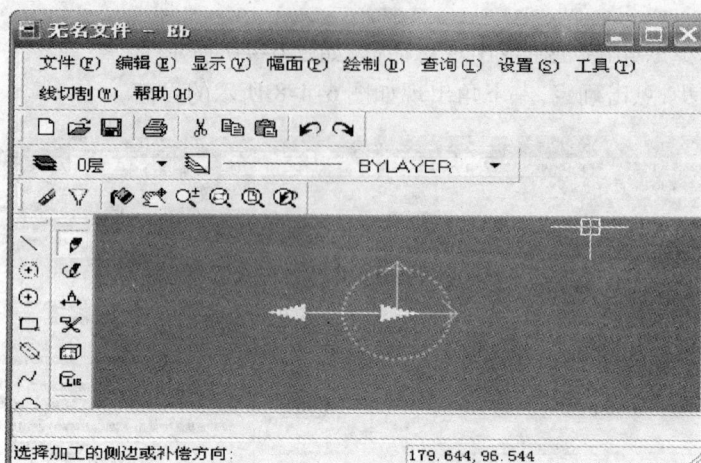

图 6-4-10　选择加工补偿方向界面

第六步:选择穿丝点和退丝点位置后在原图形外侧又出现一个绿色的圆,如图 6-4-11 所示。

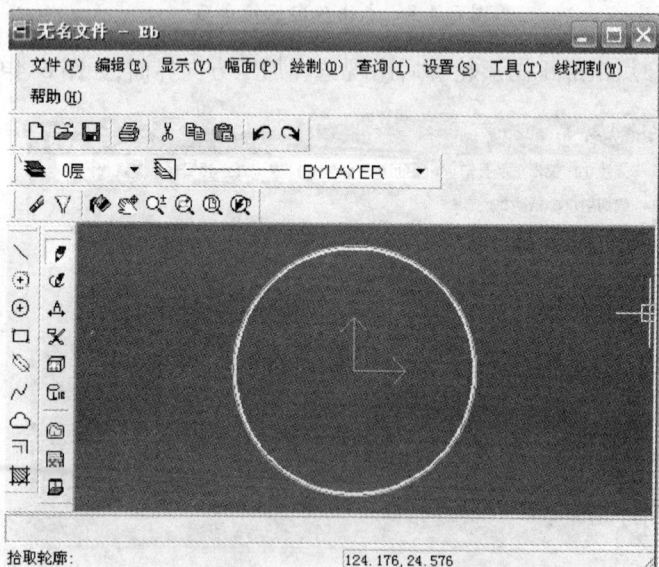

图 6-4-11　出现新圆界面

第七步:点击对话框(见图 6-4-12)中的轨迹仿真就能仿真,点击生成 3B 代码即可生成 3B 加工代码。

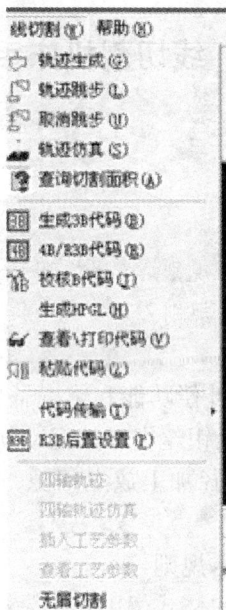

图 6-4-12　对话框

 思考与练习

用 CAXA 软件完成课题四练习题中图形的自动编程。

课题五　线切割机床手工编程

学习目标

① 掌握3B手工直线编程规则。
② 掌握3B手工圆弧编程规则。

3B指令用于不具备间隙补偿功能和锥度补偿功能的数控线切割机床的手工程序编制。程序描述的是钼丝中心的运动轨迹,它与工件的轮廓线之间相差一个偏移量,即钼丝的半径加上放电间隙,这一点在轨迹计算时必须特别注意。

一、3B程序编制的基本规则

程序编制必须符合一定的格式,3B程序是一种使用分隔符的程序段格式,见表6-5-1。

表6-5-1　3B程序格式

B	X	B	Y	B	J	G	Z
分隔符号	X坐标值	分隔符号	Y坐标值	分隔符号	计数长度	计数方向	加工指令

(1)表中的B叫分隔符号,它在程序段中起到把X,Y和J数值分隔开的作用,以免混淆。每个程序段使用三次分隔符B,称为3B程序段格式,或3B加工指令。

(2)3B程序编制的坐标系采用XOY平面直角坐标系。加工不同的基本轨迹时,应取不同的坐标原点,但X,Y坐标轴的方向不变,只是坐标平移。加工直线时取直线起点作为坐标原点,加工圆弧时取圆弧圆心作为坐标原点。

(3)X,Y分别表示X,Y方向的坐标值,不带正负号,取绝对值。加工圆弧时,X,Y为圆弧起点坐标值。加工斜线时,X,Y为圆弧终点坐标值。

(4)计数长度J表示某一个加工轨迹从起点到终点在计数方向上拖板移动的总距离,即是被加工圆弧或直线在计数方向上投影长度的总和。对于斜线,如图6-5-1所示,当|Ye| > |Xe|时,取J = |Ye|;当|Xe| > |Ye|时,取J = |Xe|。

对于圆弧,它可能跨越几个象限,如图 6-5-2 的圆弧都是从 A 加工到 B。图 a 为 Gx,$J = Jx_1 + Jx_2$;图 b 为 Gy,$J = Jy_1 + Jy_2 + Jy_3$。

(5) 为保证所要加工的圆弧或线段能按要求的长度加工出来,一般线切割机床是通过控制从起点到终点某个拖板进给的总长度来达到的。因此在计算机中设立一个 J 计数器来进行计数。即把加工该线段的拖板进给总长度 J 的数值,预先置入 J 计数器中。选取 X 拖板方向进给总长度来进行计数的称为 Gx;选取 Y 拖板方向进给总长度来进行计数的称为 Gy。当被加工的斜线在阴影区域内,计数方向取 Gy,否则取 Gx,如图 6-5-3a 所示。当被加工的圆弧终点落在阴影区域内,计数方向取 Gx,否则取 Gy,如图 6-5-3b 所示。

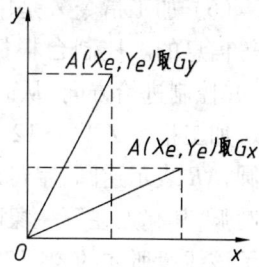

图 6-5-1　计数方向取向

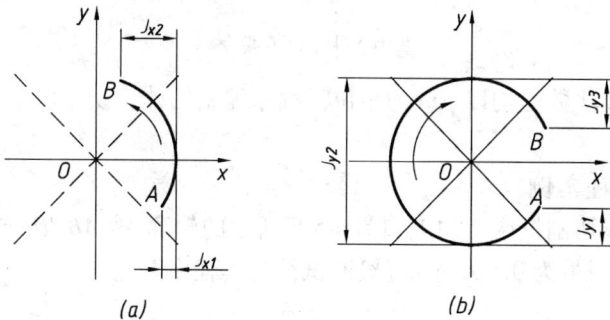

图 6-5-2　圆弧计数长度计算

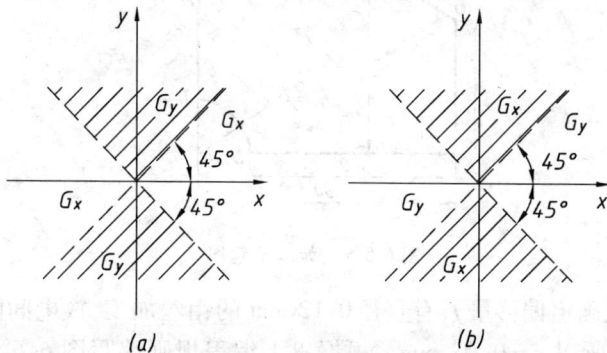

图 6-5-3　计数方向选择

（6）加工指令 Z 是用来传送关于被加工图形的形状、所在象限和加工方向等信息的。控制台根据这些指令，选用正确的偏差计算公式进行偏差计算，并控制进给方向，从而实现机床的自动化加工。

加工指令 Z 共分 12 种，如图 6-5-4 所示，圆弧加工指令有 8 种。SR 表示顺圆，NR 表示逆圆，字母后面的数字表示该圆弧的起点所在象限，如 SR_1 表示顺圆弧，其起点在第一象限。对于直线段的加工指令用 L 表示，L 后面的数字表示该线段所在的象限。对于与坐标轴重合的直线段，正 X 轴为 L_1，正 Y 轴为 L_2，负 X 轴为 L_3，负 Y 轴为 L_4。

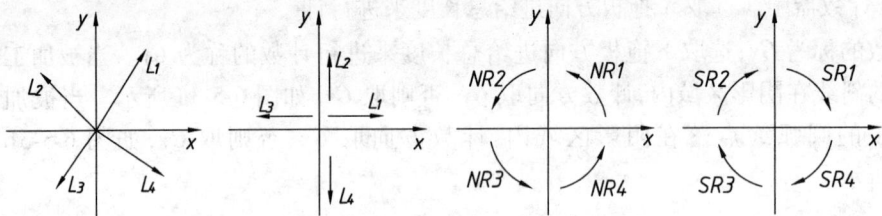

图 6-5-4　加工指令

（7）X，Y，J 数值均以 μm 为单位。程序编制的计算误差应小于 1 μm。

二、编程实例

在数控线切割机床上加工如图 6-5-5 所示的轮廓，按 ABCDEFG 逆时针加工，机床脉冲当量为 0.001 mm/脉冲，试编写其程序。

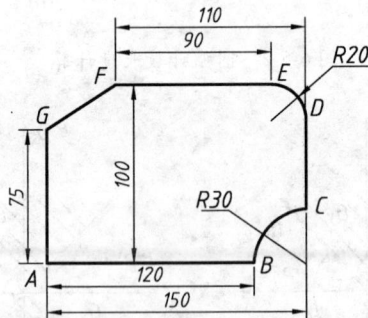

图 6-5-5　加工示意图

解：首先确定偏移量 f，有直径 0.12 mm 的钼丝加工，放电间隙取经验值 $z = 0.01$ mm，所以 $f = 0.07$ mm。根据以上编程规则编写图 6-6-5 加工程序如下：

B70	B70	B70	GY	L3
B120140	B0	B120140	GX	L1
B29930	B70	B30000	GX	SR3
B0	B50000	B50000	GY	L2
B70	B20070	B60140	GY	NR4
B89950	B0	B89950	GX	L3
B40050	B25031	B40050	GX	L3
B0	B75109	B75109	GY	L4
B70	B70	B70	GY	L1

课题六 电火花成型机床基本操作

学习目标

① 了解电火花机床安全操作规程。
② 了解电火花机床的基本结构。
③ 掌握电火花机床的基本操作。

一、电火花成型机床安全操作规程

为了人身、设备安全,环境保护,在使用电火花机床中必须严格遵守电火花机床安全操作规程:

① 电火花机床应设置专用地线,使电源箱外壳、床身及其他设备可靠接地,防止电气设备绝缘损坏而发生触电。

② 操作人员必须站在耐压 20 kV 以上的绝缘物上进行工作,加工过程中不可碰触电极工具。操作人员不得离开工作中的电火花机床。

③ 经常保持机床电气设备清洁,防止受潮、被污染,以免降低绝缘强度而影响机床的正常工作。

④ 添加工作介质煤油时,不得混入类似汽油之类的易燃物。

⑤ 放电加工时,工作液面要高于工件一定距离(30 ~ 100 mm),但应该避免浸入电极夹头。

⑥ 应该保持油路畅通。

⑦ 电火花加工车间内,应该有换气装置。

⑧ 机床周围严禁烟火,并配备适用于油类的灭火器,最好配备自动灭火器。可靠的自动灭火器具有烟雾、火光、温度感应报警装置,并能自动灭火,比较安全可靠。若发生火灾,应立即切断电源,并用四氯化碳或二氧化碳灭火器扑灭火苗,防止事故扩大化。

⑨ 电火花机床的电气设备应设置专人负责,其他人员不得擅自乱动。

⑩ 下班前应关断总电源,关好门窗。

电火花加工中注意事项:

① 用电危害。电火花加工时工具电极等裸露部分有 100 ~ 300 V 的高电

压,可能会对机床操作人员造成电击等危害,另外高频脉冲电源工作时向周围发射一定强度的高频电磁波,若人体离得过近,或受辐射时间过长,会影响人体健康。

② 火灾。电火花机床所用的工作液为易燃品,在放电加工中会产生爆炸性气体或烟雾,故存在发生火灾或爆炸的可能性。

③ 环境污染。放电加工过程中,可能会产生有毒气体或烟雾,污染机床周围的空气,危害操作者等机床附近员工的身体健康。同时,放电加工过程所产生的废物(如用过工作液、沉积在工作液中的金属等)都属于特种废物,若直接倒入地下水道会污染土壤及地下水。

二、 电火花成型机床结构

电火花成型机床结构如图 6-6-1 所示。

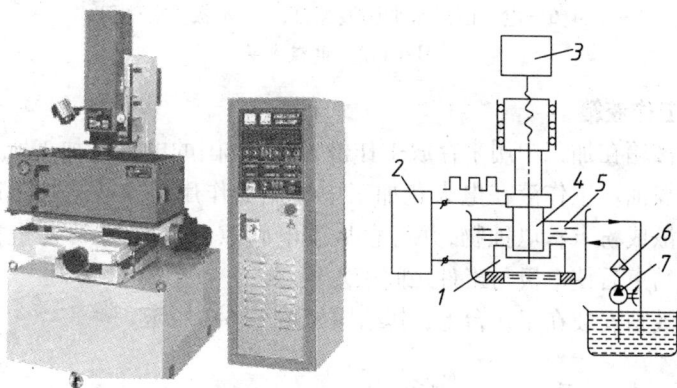

1—工件;2—脉冲电源;3—自动进给装置;4—工具电极;5—工作液;6—过滤器;7—泵

图 6-6-1　电火花成型机床结构

1. 主机

电火花成型机床的主机一般包含床身、立柱、主轴头、工作台等部分。其中主轴头是关键部件,对加工有着直接的影响。在加工中,主轴头上装有电极夹,用来装夹及调整电极装置。图 6-6-2 是一种最常用的电极夹,在装夹电极时,旋转 3,4,5,6 调整螺钉,用百分表校正电极,使电极与工作台面垂直;旋转 1,2 螺钉,用百分表校正电极,使电极与 X 或 Y 轴等平行。

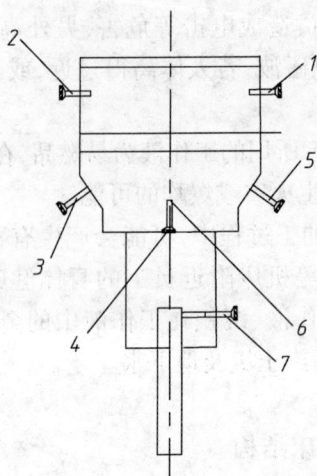

1,2—电极旋转角度调整螺钉；3,5—电极左右水平调整螺钉；

4,6—电极前后水平调整螺钉；7—电极夹紧螺钉

图 6-6-2　电极夹头

2．工作液箱

工作液箱在加工中用来存放工作液,目前我国的电火花加工所用的工作液主要是煤油。工作液在电火花加工中的主要作用是使放电加工产生的熔融金属飞散成粉末状电蚀物,并将它从放电间隙中带出去;冷却电极和工件表面放电结束后使电极与工件之间恢复绝缘。

工作液箱安装在工作台上,其结构如图6-6-3所示。

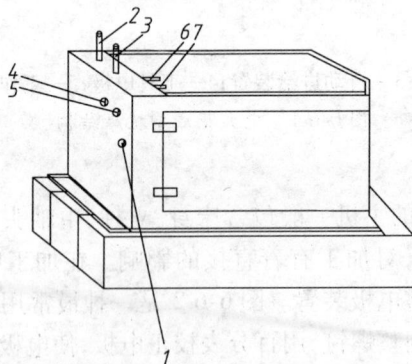

1—进油开关及冲吸油压力调节阀；2—放油手柄；

3—调节液面高度手柄；4—吸油开关；5—冲油开关；

6—吸油嘴；7—冲油嘴

图 6-6-3　工作液箱结构

加工时,应启动油泵,旋转手柄1至通油位置,工作液箱进油。上下移动手柄2可以调节工作液槽放油量的大小;上下移动手柄3可以调节工作液箱内油面的高度。旋转开关4,油嘴6为吸油状态;旋转开关5,油嘴为冲油状态。吸油、冲油压力的大小可以通过旋转手柄1获得。

3. 数控电源柜

数控电源柜由彩色CRT显示器、键盘、手控盒以及数控电器装置等部件组成。数控电源柜是控制电火花成型机床动作的装置,其详细构成如图6-6-4所示,具体说明如下:

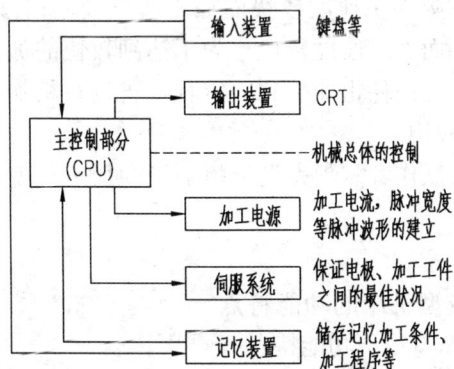

图6-6-4 数控电源柜结构

（1）加工电源

电火花加工的原理是在极短的时间内击穿工作介质,在工具电极和工件之间进行脉冲性火花放电,通过热能熔化、气化工具材料来去除工件上多余的金属。电火花成型机床的加工电源性能好坏直接关系到电火花加工的加工速度、表面质量、加工精度、工具电极损耗等工艺指标,所以电源往往是电火花机床制造厂商的核心机密之一。

（2）伺服系统

在实际操作过程中,当电极与工件距离较远时,由于脉冲电压不能击穿电极与工件间的绝缘工作液,故不会产生火花放电;当电极与工件直接接触时,则所供给的电流只是流过却无法加工工件。电极与工件在放电加工中会逐渐减少。为了保持电极与工件之间有一定的间隙,以便进行正常的放电加工,电极必须随着工件形状的减小而逐渐下降进给速度。

伺服系统的主要作用就是随时能够保持电极与工件之间的间隙,使放电加工处于最佳效率的状态。

（3）记忆系统

一般的电火花成型加工机床的记忆系统主要记忆的信息如下：

① 加工条件。电火花加工的加工条件随着电极材料、被加工工件材料的变化而变化。在实际操作中凭着传统的加工经验等方法较难获得最佳的放电加工效率，目前大部分电火花成型加工机床制造商往往广泛收集各种电极与工件材料之间的加工条件，并将这些加工条件存放在机器的存储器中。在加工中操作者可以根据具体的加工情况，通过代码直接调用。

② 加工模式。电火花加工中，加工速度与加工质量往往相互矛盾。若采用粗加工条件加工，则加工速度较快而加工质量较差；若采用精加工条件加工，则加工质量较好而加工速度较慢。为了达到较快的加工速度并且保证加工质量，首先用粗加工条件粗加工到一定程度再进行精加工。这种加工模式在实际操作中广泛应用。

在实际操作中，操作者需预先设定粗加工的加工程度和精加工要达到的表面粗糙度要求。

三、电火花成型机床的功能特点

电火花成型机床有如下功能特点：

（1）接触感知功能。接触感知是一个找正功能，用于完成零件的找正工作。

（2）置零功能。它将当前点的坐标设置为零。

（3）液面保护。机床配备液面传感器，确保加工中液面低于加工面后切断加工电源，避免最常见的因液面降低而造成的火灾。

（4）找中心功能。找中心功能通常用于电极的定位。根据实际情况设定适当的参数，机床能够自动定位于工件的中心。找中心分为找外中心和找内中心，找外中心是指自动确定工件在 X 或 Y 方向的中心，找内中心指自动确定型腔在 X 或 Y 方向的中心。

四、电火花成型机床操作

1. 电极的校正

参照图 6-6-2 所示的电极夹头，在教师指导下学生动手按图 6-6-5 所示校正电极。

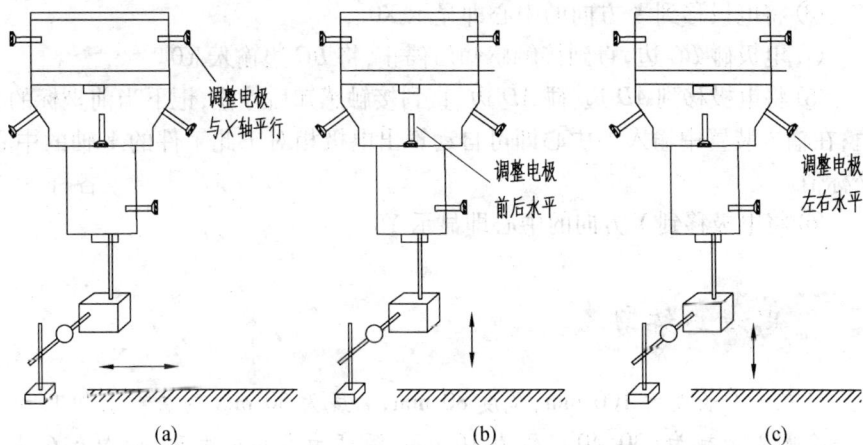

图 6-6-5　电极校正示意图

2．工件的校正

在电火花加工时,一般要使工件的基准面与机床的 X 或 Y 轴平行。按照图 6-6-6 校正工件,具体操作为:首先将百分表固定在电极夹头上;然后按照图移动机床作台,通过观察百分表的指针将工件校正,确保基准面与 X 或 Y 轴平行。

3．电极中心对刀

当电极和工件正确装夹校正后,必须确定电极加工的位置。在实际操作中,电极通常运用接触感知功能获得正确的加工位置,如图 6-6-7 所示。

具体操作步骤如下:

① 电极碰 AB 边,直到接触感知后停止,将 AB 边输入 X0。

② 将电极移到 DC 边,碰 DC 边,直到接触感知后停止,记下当前坐标的 X 值;在输入装置中输入 X 中心即可自动算出电极相对于此工件的 X 轴的中心坐标值。

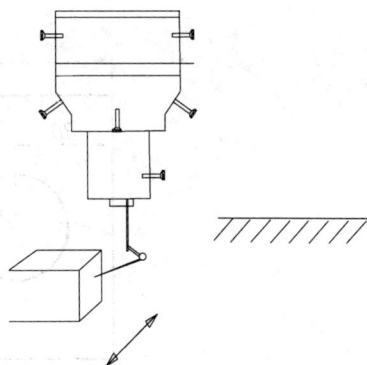

图 6-6-6　工件校正示意图

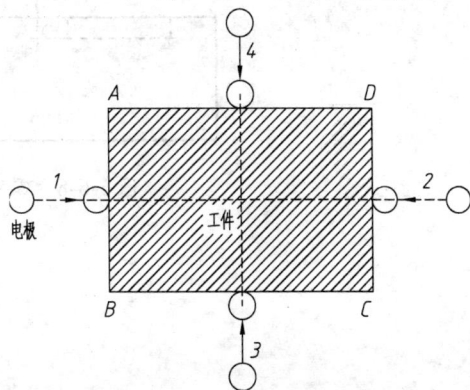

图 6-6-7　加工位置示意图

③ 将电极移到 X 方向的中心即显示 X0。

④ 电极碰 BC 边，直到接触感知后停止，将 BC 边输入 Y0。

⑤ 将电极移到 AD 边，碰 AD 边，直到接触感知后停止，记下当前坐标的 Y 值；在输入装置中输入 Y 中心即可自动算出电极相对于此工件的 Y 轴的中心坐标值。

⑥ 将电极移到 Y 方向的中心即显示 Y0。

❓ 思考与练习

在一个长度为 100 mm，宽度 80 mm，高度为 50 mm 的块料上加工出一个圆心坐标为 (30,40)，R 为 16 mm，深度为 5 mm 的孔，如图 6-6-8 所示。

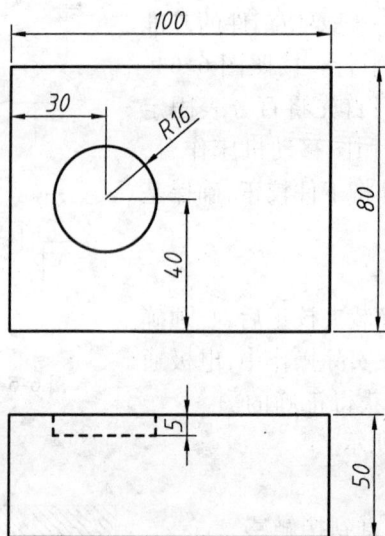

图 6-6-8　零件示意图

附录 报警一览表

1．程序操作错误（P／S 报警）

号码	内　　容
000	设定了必须切断一次电源的参数,请切断电源。
001	文件打开失败。
002	编辑方式下搜索不到该字符串。
003	致命异常,会造成机床失步。需要重新启动,重新对刀。
004	地址未发现。
005	地址后没有数据。
006	"－"符号输入错误。
007	小数点输入错误。
008	文件创建不成功。
009	输入了非法字地址符。
010	指令了无效 G 代码。
011	切削进给 F 指令值错。
012	输入的数值其位数超出最大允许数据。
013	指定程序号的程序或程序中要搜索的地址未找到。
014	删除文件不存在。
015	存储器存储容量不够。
016	螺纹插补中主轴速度过小或者主轴未开启。
017	除零错误。
018	螺纹切削时 F,I 指令值错。
019	程序段长超过 255 个字符。
020	攻丝循环中没有指定 F 值。
021	程序回零时,没有零点存储。
022	出厂时参数设定值,不能覆盖。

号码	内　　　容
023	在使用半径 R 指定的圆弧插补中,R 值指令了负值。
024	圆弧插补半径过大。
026	在圆弧插补中给出的数据不能构成一个圆弧。
027	在圆弧插补中 R 与(K,I)同时指定。
028	在圆弧插补中 R 与(K,I)全为零。
029	用 T 代码指令的偏置值过大。
030	刀偏号超出取值范围。
031	搜索不到该文件。
032	通信错误。
033	刀尖半径补偿中没有交叉点。
034	刀具半径补偿启动或取消时执行 G2 或 G3 操作。
035	补偿开始程序段的下一程序段改变了刀补方向。
036	刀具偏置号未指定时执行了刀具半径补偿指令。
037	补偿开始程序段为非移动指令。
038	刀尖半径补偿中圆弧起始点或终点与圆弧中心重合而出现过切。
039	在刀补过程,连续出现了 30 段非移动指令。
040	在刀补过程中出现了不正确的操作指令。
041	在刀尖半径补偿中将出现过切。
042	刀具半径补偿时,圆弧指令中重复指定刀尖半径补偿 G 码。
043	输入的数据超出允许范围。
044	卡盘未夹紧启动主轴。
045	主轴运转时松开卡盘。
046	断电保存数据错乱,请重新上电。
047	主轴正转(反转)时,没有经过停止而又指定了主轴反转(正转)。
050	在 G76 中指定了一个不可用的刀尖角度。
051	在 G76 中指定的最小切深大于螺纹高度,或者精加工余量大于螺纹高度。
052	G76 中为螺纹高度或首次切削深度指定了 0 或负值。

号码	内　　容
053	在 G70,G71,G72,G73 指令中没有指令 P 或 Q 值。
054	G74 或 G75 中的#I 或#K 被指定为负值。
055	G76 精加工余量为负值。
060	在顺序号检索时,没有发现指定的顺序号。
062	(1) G71 或 G72 中的切削深度是零或负值。 (2) G73 的重复次数是零或负值。 (3) G74 或 G75 中的 D－i 或 D－k 指令为负值。 (4) 虽然 G74 或 G75 中的 D－i 或 D－k 不为零但地址 U 或 W 指定为零或负值。 (5) 虽然指定了 G74 或 G75 的退刀方向但 D－d 是负值。
063	在 G70 中 P 或 Q 指定的程序段检索不到。
064	当 G 代码为 G32,G33,G90~G94,G70~G76 时未取消刀补。
065	(1) 在 G71,G72 或 G73 指令中,由地址 P 指定顺序号的程序段未指令 G00 或 G01。 (2) 在 G71 或 G72 指令中,由地址 P 指定的 Z(W)(G71 时)或 X(U)(G72 时)。
066	在 G70,G71,G72,G73 指令中由地址 P 或 Q 指定的两程序段中指令了非移动指令或不能使用的 G 代码。
067	由地址 P 或 Q 指定的两程序段中指令了 M98,M99 或 M30。
068	存储器存储容量不够。
074	程序号不在 0001~9999 范围内。
076	在 M98 的程序段中,没有指定 P。
077	子程序调用嵌套过多。
078	子程序调用中,没有找到指定的程序号或者顺序号。
079	宏指令报警不存在。
081	NC 程序和用户宏程序指令同时存在。
100	参数开关为 ON 状态。
101	在程序编辑中,电源断电,请重新编写程序。
102	编辑行数超过最大值。
110	复制或更名时该程序号已存在。

号码	内　　容
114	在 G65 的程序段中,指令了未定义的 H 代码。
115	指定了非法的变量号。
128	在转移指令中,转移地址的顺序号不在允许的范围内,或者没有找到要转移的顺序号。
129	同一个程序段中不能出现两个相同的功能字。
130	有地址值超出取值范围。
131	G00 组和 G01 组不能同时出现。
132	坐标值 X 与 U 或 Z 与 W 同时出现。
133	连续指定了两个重复性固定循环 G 指令。
134	指令 G32,G33,G92 时,I,F 同时出现。
137	重复性固定循环 G71 或 G72,G73 中程序段个数过多。
138	N 必须递增。
140	地址之间应有空格。
141	在主轴为档位控制时指定了恒线速指令。
142	程序非法结束无 M30 或 M99。
144	G70 ~ G76 中进刀量,退刀量,倒角余量或螺纹切削的牙高指定错误。
145	G70 ~ G76 地址字取值错误。
146	地址 O 和 N 不能引用变量。
147	G65 中 P 不能为常量。
149	进入或退出子程序时未取消刀具半径补偿错误。
150	重复性固定循环中有坐标不单调。
151	在 G71,G72 指令中 U 和 W 的值的正负与轨迹形状无法匹配或者无 U(W) 值或者超出处理范围,坐标不单调。
152	在加工圆锥切削循环时超出 G76,G90,G92,G94 所能处理的加工循环。
153	在 G33,G90,G92,G94 指令中 F,I 值错误。
155	恒线速指令错误。
156	在 G71,G72,G73 中 P 所指定的程序段未紧邻 G71,G72,G73 程序段或者 P 或 Q 所指定的程序段不存在。

号码	内　　　容
158	G70,G71,G72 或 G73 所指定的 P 值大于或等于 Q 值。
162	在调用子程序的程序段中,P 为非整数值或负值。
163	子程序调用次数过多。
164	超出系统最大文件存储个数(700)。
165	调用子程序和返回子程序的语句在非法的程序段(G90～G94,G70～G76)
166	G70,G71,G72,G73 所赋的 Pno 和 Qno 值越界或不是整数。
168	暂停指令下 P 和 X 不能同时指定。
169	宏程序中 Q,R 值指定错误。
170	请在口令设置界面输入口令获得修改参数和螺距补偿数据的权利。
171	未接到主轴旋转允许信号。
180	主轴为挡位控制或主轴自动换挡无效时 M41,M44 不可使用。

2. 超程报警

号码	内　　　容
201	超出 X 轴正向行程极限。
202	超出 X 轴负向行程极限。
203	超出 Z 轴正向行程极限。
204	超出 Z 轴负向行程极限。
205	超出 Y 轴正向行程极限。
206	超出 Y 轴负向行程极限。
207	X 轴硬限位超程。
208	Z 轴硬限位超程。

3. 驱动单元报警

号码	内　　　容
211	X 轴驱动单元未绪。
212	Z 轴驱动单元未绪。

号码	内　　容
213	*X/Z* 轴驱动单元未绪。
221	*X* 轴驱动单元报警。
222	*Z* 轴驱动单元报警。

4．外部信息报警

号码	内　　容
181	M 代码错,程序中编入了非法的 M 代码。
182	S 代码错,程序中编入了非法的 S 代码。
183	T 代码错,程序中编入了非法的 T 代码。
185	换刀时间过长。从刀架开始正转经过 Ta 时间后指定的刀位到达信号仍然没有接收到时,产生报警。
186	在刀架反转锁紧时间内未接到刀架反转锁紧信号。
187	换刀未绪;检测到刀号与当前系统刀号不符。
188	IO 口错误,需要重新在 PLC – D 中设置。
250	尾座进退中自动运行或开启主轴或主轴旋转时执行了尾座进退指令。
251	外部报警1。
252	外部报警2。
253	压力过低。
254	准备未绪。
255	自动运行中防护门开。